Amirali Abbasi
Jaber Jahanbin Sardroodi

Melhoria das capacidades de deteção dos óxidos de azoto e do gás amoníaco do TiO2

Amirali Abbasi
Jaber Jahanbin Sardroodi

Melhoria das capacidades de deteção dos óxidos de azoto e do gás amoníaco do TiO2

ScienciaScripts

Imprint

Any brand names and product names mentioned in this book are subject to trademark, brand or patent protection and are trademarks or registered trademarks of their respective holders. The use of brand names, product names, common names, trade names, product descriptions etc. even without a particular marking in this work is in no way to be construed to mean that such names may be regarded as unrestricted in respect of trademark and brand protection legislation and could thus be used by anyone.

Cover image: www.ingimage.com

This book is a translation from the original published under ISBN 978-3-659-86481-0.

Publisher:
Sciencia Scripts
is a trademark of
Dodo Books Indian Ocean Ltd. and OmniScriptum S.R.L publishing group

120 High Road, East Finchley, London, N2 9ED, United Kingdom
Str. Armeneasca 28/1, office 1, Chisinau MD-2012, Republic of Moldova, Europe
Managing Directors: Ieva Konstantinova, Victoria Ursu
info@omniscriptum.com

Printed at: see last page
ISBN: 978-620-3-37592-3

Conteúdo

Resumo

Nas últimas décadas, surgiu o interesse em eliminar o aumento das emissões e os graves efeitos nocivos dos poluentes atmosféricos, como os óxidos de azoto e a molécula de amoníaco. Uma solução conveniente seria um processo que pudesse utilizar eficazmente algumas nanopartículas de óxido metálico para adsorver moléculas de gases nocivos durante os processos de superfície. A adsorção molecular de moléculas de NOx e NH3 no fotocatalisador dióxido de titânio (TiO_2) é um desses processos. Além disso, este processo é potencialmente eficiente e adequado para aplicações industriais. Um passo para tornar este processo mais operacional é modificar as estruturas do TiO2 através da dopagem com azoto. No presente trabalho, foram efectuados cálculos da teoria do funcional da densidade para investigar a adsorção de NO, NO2 e NH3 em nanopartículas de TiO2 anatase não dopadas e dopadas com N, a fim de explorar plenamente as capacidades potenciais destas partículas em aplicações de deteção e remoção. A célula unitária de TiO_2 anatase foi geometricamente optimizada para calcular as constantes de rede e a adsorção da molécula de gás foi modelada com a ajuda destas nanopartículas optimizadas. A interação do adsorvato sobre os sítios do átomo de oxigénio pendente, do átomo de azoto dopado e do átomo de titânio coordenado cinco vezes das nanopartículas de TiO_2, incluindo os comprimentos de ligação, os ângulos de ligação, as energias de adsorção, a densidade de estados (DOS), a análise da população de Mulliken e as orbitais moleculares, foi amplamente investigada neste trabalho. Os resultados mostram que a adsorção das moléculas de gás mencionadas na nanopartícula dopada com N é energeticamente mais favorável do que a adsorção na nanopartícula pristina, sugerindo a elevada reatividade relativa da nanopartícula dopada com N com a molécula adsorvida, em comparação com a nanopartícula pristina (não dopada). Assim, as nanopartículas dopadas com N são mais activas do que as não dopadas. Além disso, com base nos resultados obtidos, pode concluir-se que os átomos de titânio com cinco coordenadas são mais activos do que os com seis coordenadas e podem interagir com as moléculas adsorvidas de forma mais eficiente. Verificou-se que a molécula de NH3 é preferencialmente adsorvida nos sítios de titânio coordenados a cinco do que nos sítios de oxigénio e azoto. No entanto, o estudo computacional das partículas de TiO_2 revela que todos os derivados de nanopartículas dopadas com N considerados podem servir como possíveis candidatos eficientes para a aplicação de deteção de gás para remover as moléculas de gás nocivas do ambiente.

PALAVRAS-CHAVE: DFT; anatase; nanopartículas de TiO2; NOx e NH3; estrutura eletrónica.

Capítulo 1

Introdução

O dióxido de titânio (TiO2, também identificado como óxido de titânio (IV) ou Titânia), é o óxido de titânio que ocorre naturalmente. É um dos fotocatalisadores semicondutores mais promissores devido às suas propriedades peculiares (por exemplo, elevada atividade, excelente estabilidade, não toxicidade e baixo custo) [1-3], que tem várias aplicações nos domínios da investigação científica, da utilização industrial, das energias renováveis e da proteção do ambiente (por exemplo, dispositivos sensores de gás) [3-6]. O TiO2 existe em três formas cristalográficas naturais: rutilo, anatase e brookite, as fases rutilo e anatase têm uma estrutura cristalina tetragonal, enquanto a fase brookite tem uma estrutura cristalina ortorrômbica. As fases rutilo e anatase são as mais extensivamente estudadas das três fases [7]. Nos últimos anos, tem atraído numerosas atenções científicas [8,9] sobre a investigação experimental e teórica, a fim de alargar a ciência e a indústria relacionadas com o TiO2 [10-12]. Ilustramos a aplicabilidade da técnica DFT para investigar o comportamento de adsorção de NOx em nanopartículas de TiO2, a fim de descobrir as propriedades estruturais e electrónicas destas nanopartículas. Vários investigadores de diversas áreas científicas e tecnológicas concentraram-se nas propriedades excepcionais do TiO_2. O extenso "band-gap" do TiO2 (3-3,2eV) limitou a sua aplicabilidade para interagir com a irradiação solar que chega, uma vez que só consegue absorver algumas percentagens (i.e. 3-5%) do espetro solar [13,14]. Para melhorar a atividade fotocatalítica do TiO2 em toda a gama de irradiação solar, foram desenvolvidos esforços consideráveis. Uma solução conveniente seria um processo que pudesse alargar a foto-sensibilidade do TiO2 à região do visível [15-18]. A substituição do átomo de oxigénio do TiO2 anatase por azoto é um processo desse tipo (dopagem não metálica), que introduz alguns estados de impureza no intervalo de bandas do TiO2 e aumenta consideravelmente a atividade fotocatalítica [19-23]. Muitos trabalhos teóricos foram anteriormente dedicados a uma compreensão extensiva da interação de moléculas de gases tóxicos com as nanopartículas de anatase. Como exemplo, Liu et al. [13] referiram que, após a dopagem substitucional do TiO2 com N, a molécula de óxido nítrico pode ser fortemente adsorvida nas nanopartículas de anatase dopadas com N. Efectuando cálculos DFT, Liu et al.[14] estudaram a adsorção e oxidação do monóxido de carbono (CO) em nanopartículas de TiO2 anatase dopadas com N. Tang et al. [24] apresentaram os resultados dos cálculos do funcional da densidade sobre a adsorção de óxidos de azoto em grafeno e óxidos de grafeno. Tang et al. [25] estudaram também as propriedades estruturais e electrónicas dos óxidos de grafeno decorados com Pd e os seus efeitos na adsorção de óxidos de azoto utilizando cálculos DFT. A interação de moléculas de SOx com nanopartículas de TiO2 anatase não dopadas e dopadas com N foi também estudada nos nossos trabalhos computacionais [26, 27]. Neste estudo, investigámos a reatividade das moléculas de NOx e NH3 com nanopartículas de TiO2 anatase pristinas e dopadas com N, separadamente. A dopagem de N introduz um orifício dentro do intervalo de banda do dióxido de titânio e os estados de impureza gerados no intervalo de banda podem oxidar moléculas de gases tóxicos [13, 14]. Nas últimas décadas, surgiram muitos interesses científicos e industriais no estudo das nanopartículas de TiO2 anatase dopadas com N [13, 21]. O reconhecimento das moléculas de gases tóxicos é extremamente indispensável e crítico para a indústria e a saúde pública. O óxido nítrico (NO) e o dióxido de azoto (NO2) foram caracterizados como gases tóxicos emitidos principalmente por centrais eléctricas e motores de veículos. A molécula de amoníaco foi também identificada como uma molécula nociva para a saúde pública. Assim, o controlo das concentrações destas moléculas nocivas é uma questão importante para a saúde humana e a limpeza do ambiente [28]. A adsorção de poluentes atmosféricos em nanopartículas de TiO2 dopadas com N ainda não foi extensivamente estudada. Nesta investigação, apresentamos os resultados dos cálculos DFT das moléculas de NOx e NH3 adsorvidas em nanopartículas de TiO2 anatase dopadas com N. Este trabalho tem como objetivo fornecer uma compreensão global da energética e dos comportamentos de adsorção das nanopartículas de TiO2 dopadas com N em processos de superfície.

Capítulo 2

Sistema de adsorção de NOx

O estudo da estrutura eletrónica das moléculas de óxidos de azoto inclui a explicação mecânica quântica dos electrões nos átomos e os cálculos relacionados com a energia do sistema, bem como muitas análises baseadas na descrição eletrónica do sistema de adsorção. As abordagens teóricas podem ser utilizadas para descrever os mecanismos de adsorção em pormenor e com uma precisão adequada. Os avanços obtidos em muitos campos da ciência, especialmente no método da teoria do funcional da densidade (DFT), tornam possível comparar os conhecimentos computacionais com os experimentais para extrair um padrão ótimo para simular processos químicos combinados com as técnicas recentemente desenvolvidas. Os cálculos DFT são realizados para investigar a interação das moléculas de NOx com nanopartículas de TiO2 anatase pristinas e dopadas com azoto.

Os resultados obtidos através do método DFT indicam que a adsorção de NO e NO2 na nanopartícula de TiO2 pura não é favorável devido à energia de adsorção mais baixa, ao passo que na nanopartícula de TiO2 dopada com N é favorável, uma vez que as energias de adsorção de NOx na nanopartícula dopada com N são calculadas como sendo mais negativas (mais elevadas) do que a adsorção na nanopartícula não dopada. O objetivo deste capítulo é sugerir uma base teórica para ajudar na conceção e desenvolvimento de novos dispositivos sensores para o reconhecimento e remoção de moléculas de NOx do ambiente.

2.1. Métodos computacionais

Os cálculos da teoria do funcional da densidade (DFT) [29, 30] foram efectuados utilizando o Open source Package for Material eXplorer (OPENMX) ver. 3.7 [31], que demonstrou ser um pacote de software eficaz para simulações de materiais à escala nanométrica com base na DFT, pseudopotenciais conservadores de normas e funções de base localizadas pseudo-atómicas. As orbitais pseudo-atómicas (PAO's) centradas em sítios atómicos são utilizadas como conjuntos de bases para expandir as funções de onda num esquema KS com a energia de corte de 150 Ry[32]. Nos cálculos das moléculas de NOx, tanto a aproximação da densidade local (LDA) parametrizada por Ceperly-Alder (CA) [33] como a aproximação generalizada do gradiente (GGA) na forma Pedrew-Burke-Ernzerhof (PBE) [34], foram utilizadas para modelar as funções de troca e correlação, enquanto que para a molécula de NH3, foi utilizada a GGA na forma Pedrew-Burke-Ernzerhof (PBE). O critério de convergência de energia foi fixado em 10^{-4} Hartree/bohr. O programa de código aberto XCrysDen [35] foi utilizado para visualizar dados como orbitais moleculares e para produzir as figuras presentes neste estudo. Os parâmetros da rede para a geometria optimizada do TiO2 anatase a granel são calculados e reunidos na Tabela 2.1, que estão de acordo com os dados experimentais [36] e outros trabalhos de cálculo [13, 37].

Tabela 2.1. Constantes de rede optimizadas do TiO2 anatase, comparadas com outros resultados de cálculo [13, 35] e dados experimentais [34], a e c são as constantes de rede.

Tipo	a (A)	c (A)
LDA	3.78	9.51
GGA	3.87	9.62
Liu et al [13]	3.77	9.46
Zhao et al [35]	3.77	9.59
Experimental [34]	3.78	9.50

Finalmente, as distâncias e os ângulos das moléculas consideradas, nomeadamente NO e NO2, foram calculados numa grande supercélula cúbica. O comprimento de ligação calculado da molécula de NO livre é de 1,16 Å, enquanto que para a estrutura dobrada da molécula de NO_2, o comprimento de ligação e os ângulos de ligação foram calculados em 1,20 Å e 134°, respetivamente. A molécula de amoníaco tem também uma estrutura bipiramidal trigonal e os valores estimados do comprimento da ligação N-H e do ângulo de ligação H-N-H associados ao estado de fase gasosa não adsorvido foram calculados em 1,01 Å e 107,8°, respetivamente, em razoável conformidade com resultados teóricos anteriores. Todos estes valores calculados estão razoavelmente de acordo com os dados computacionais [11] e experimentais da fase gasosa [38] previamente comunicados. As técnicas de grelha no espaço real são aplicadas nas integrações numéricas e na solução da equação de Poisson utilizando a transformada rápida de Fourier (FFT). Os cálculos foram efectuados com recurso a um cluster de sistemas Ubuntu instalados em processadores core-i7 com pelo menos 8 GB de memória por cada núcleo de computação. Para compreender os comportamentos de adsorção de moléculas de gás sobre as nanopartículas de TiO2 anatase, optimizámos geometricamente a estrutura das moléculas de NOx e NH3 e de diferentes nanopartículas de TiO2 não dopadas e dopadas com N, separadamente, e depois a adsorção foi simulada utilizando moléculas de óxido de azoto localizadas perto dos sítios OD e N das nanopartículas de TiO2. A energia de adsorção é através da seguinte fórmula:

$$E_{ad} = E_{(particle + adsorbate)} - E_{particle} - E_{adsorbate} \tag{1}$$

Em que $E_{(\text{partícula} + \text{adsorbato})}$ é a energia total do sistema complexo constituído pela molécula de gás adsorvida na nanopartícula de TiO2 anatase, $E_{\text{partícula}}$ é a energia da nanopartícula sem qualquer molécula adsorvida e $E_{\text{adsorbato}}$ é a do adsorbato em fase gasosa livre. Quanto mais negativa for a E_{ad}, mais favorável em termos energéticos é a estrutura adsorvida.

2.2. Modelos estruturais

Uma nanopartícula de TiO2 anatase contendo 72 átomos (24 átomos de Ti e 48 átomos de O) foi construída colocando 3×2×1 números de células unitárias de TiO2 ao longo dos eixos x, y e z, respetivamente. A célula unitária foi retirada da página Web da "American Mineralogists Database" [39] e referida por Wyckoff [36]. As estruturas cristalinas das supercélulas de TiO2 anatase consideradas são apresentadas na Figura 2.1.

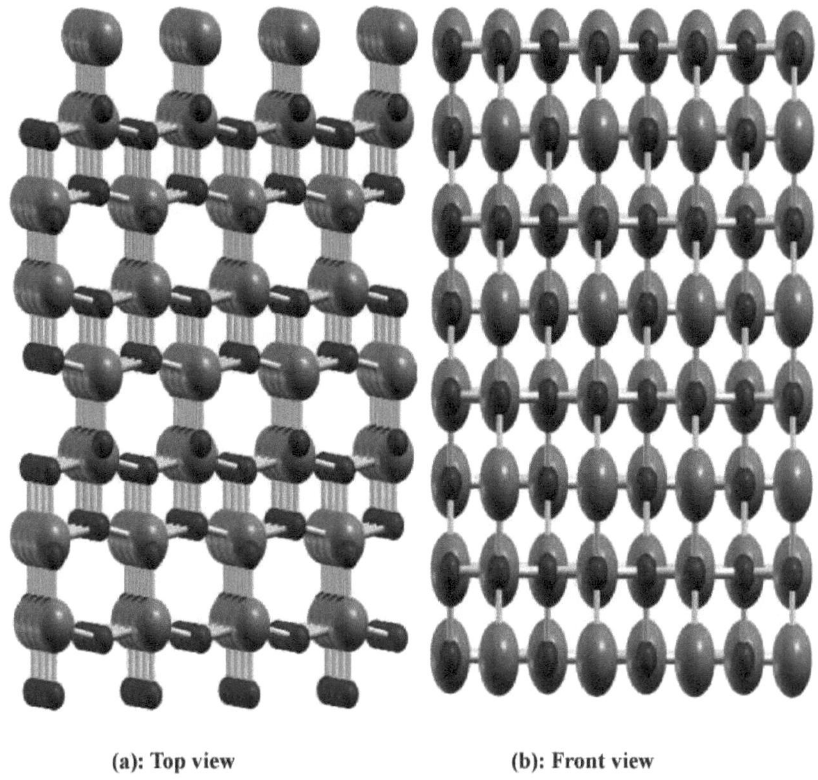

Figura 2.1. Uma supercélula 3×3×1 de TiO2 anatase construída a partir da sua célula unitária.

Construímos o nosso modelo de nanopartículas utilizando esta estrutura em massa. Demonstrou-se que a nanopartícula escolhida apresenta os comportamentos de adsorção e outras propriedades estruturais e electrónicas do material a granel. Foi fixada uma distância de 11,5 A° entre as partículas vizinhas para reduzir a interação entre elas. A dimensão da caixa considerada neste cálculo é de $20×15×30$ $\mathring{A}^3$, que contém 72 átomos (24 átomos de Ti e 48 átomos de O) de nanopartículas de TiO2 não dopadas ou dopadas com N. A Figura 2.2 (a) mostra a estrutura optimizada da nanopartícula de TiO2 anatase pristina aqui estudada. As nanopartículas de TiO2 anatase dopadas com N foram produzidas através da substituição de dois átomos de oxigénio superficiais por átomos de azoto.

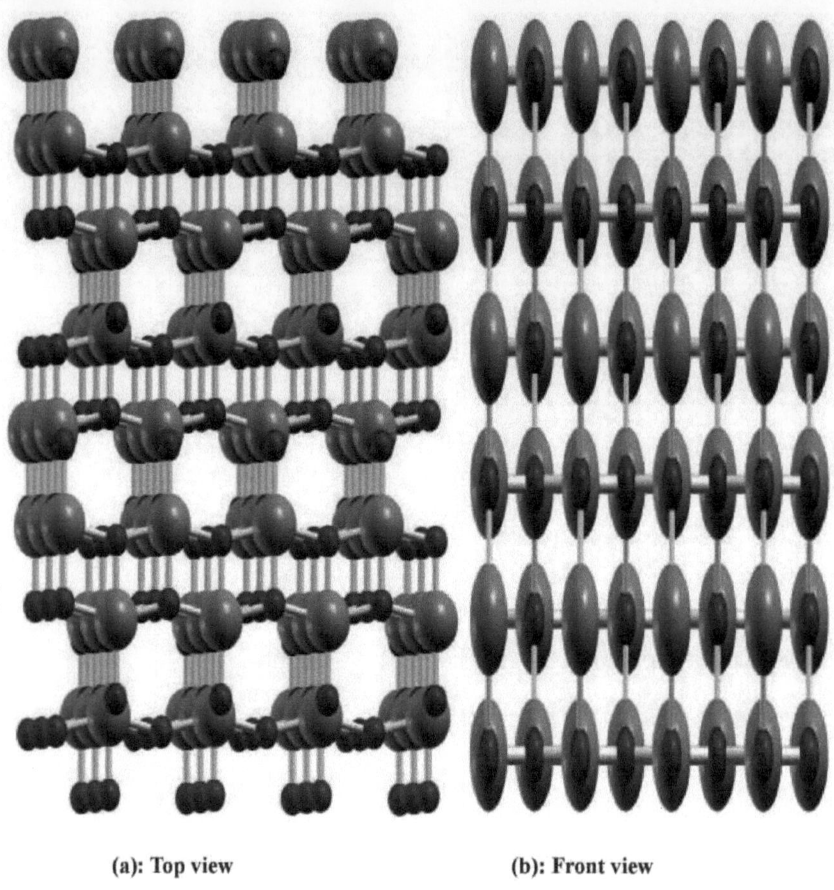

(a): Top view   (b): Front view

Figura 2.1. Continuação (Uma supercélula 3×2×1 de TiO2 anatase).

Uma das principais configurações de dopagem substitucional é a substituição de um átomo de azoto por um átomo de oxigénio no centro da partícula de anatase (substituição na posição oc) e a outra é a substituição de um átomo de azoto por um átomo de oxigénio na posição oт. Os átomos de oxigénio substituídos foram designados por oc e oт na Figura 2.2(a) e designados por "oxigénio central" e "oxigénio duplamente coordenado", respetivamente. As nanopartículas de anatase não dopadas e dopadas com N foram optimizadas geometricamente e, em seguida, os sistemas complexos que contêm as moléculas de NOx e NH3 adsorvidas nestas nanopartículas foram relaxados para simular o processo de adsorção. Uma vez que os sítios do átomo de oxigénio

10

pendente (O_D na Figura 2.2(a)) e do átomo de azoto dopado das nanopartículas de TiO2 anatase pristinas e dopadas com N têm actividades mais elevadas do que os outros oxigénios de superfície nos processos de adsorção [13, 14], investigámos extensivamente a adsorção nestes sítios das nanopartículas de TiO2. As geometrias optimizadas das nanopartículas dopadas com N foram representadas nas Figuras 2.2(b) e 2.2(c).

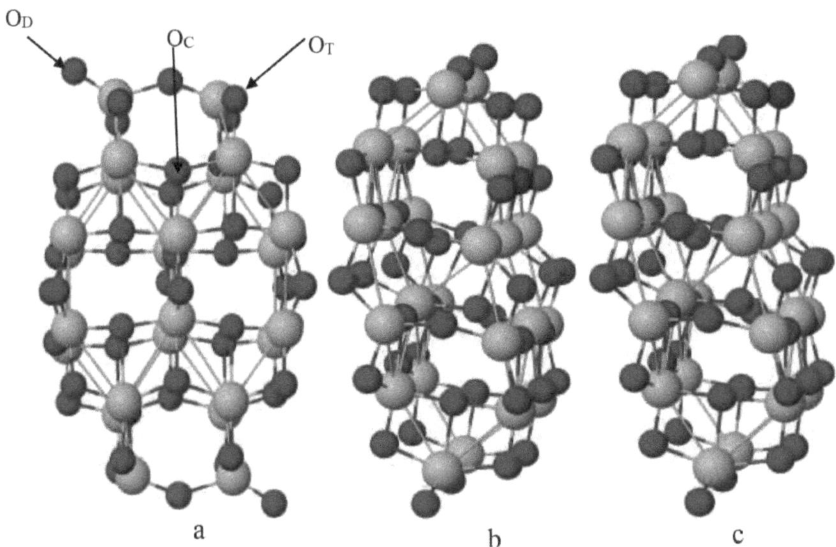

Figura 2.2. Estrutura optimizada de TiO2 anatase (a) nanopartículas não dopadas construídas utilizando as células unitárias 3×2×1, (b, c) Vista lateral de dois tipos de nanopartículas dopadas com N correspondentes a duas configurações de dopagem; O_C: oxigénio central; O_T: oxigénio coordenado duas vezes; O_D: oxigénio pendente.

Capítulo 3

Resultados e discussão

Esta secção está dividida em quatro secções, que tratam das propriedades importantes dos sistemas à base de TiO2. A análise do comprimento da ligação após o processo de adsorção é discutida na primeira secção e as outras três secções referem-se à análise da energia de adsorção, à análise da estrutura eletrónica e à análise da transferência de carga do sistema de adsorção complexo. A análise estrutural e eletrónica do sistema de adsorção dá-nos mais informações sobre os comportamentos de adsorção das nanopartículas de anatase quando sujeitas a um processo de superfície relativo à deteção de NOx utilizando os métodos computacionais.

3.1. Comprimentos de ligação/molécula de NO no sítio $_{OD}$ de nanopartículas de anatase dopadas com N

Nesta secção, são estudadas as configurações de adsorção de NO no átomo de oxigénio pendente das nanopartículas de TiO2 anatase. A adsorção de NO nas nanopartículas não dopadas e dopadas com N foi modelada como cinco configurações de adsorção. Os complexos TiO2+NO e TiO2+NO2 simulados antes do processo de adsorção foram apresentados na Figura 3.1.

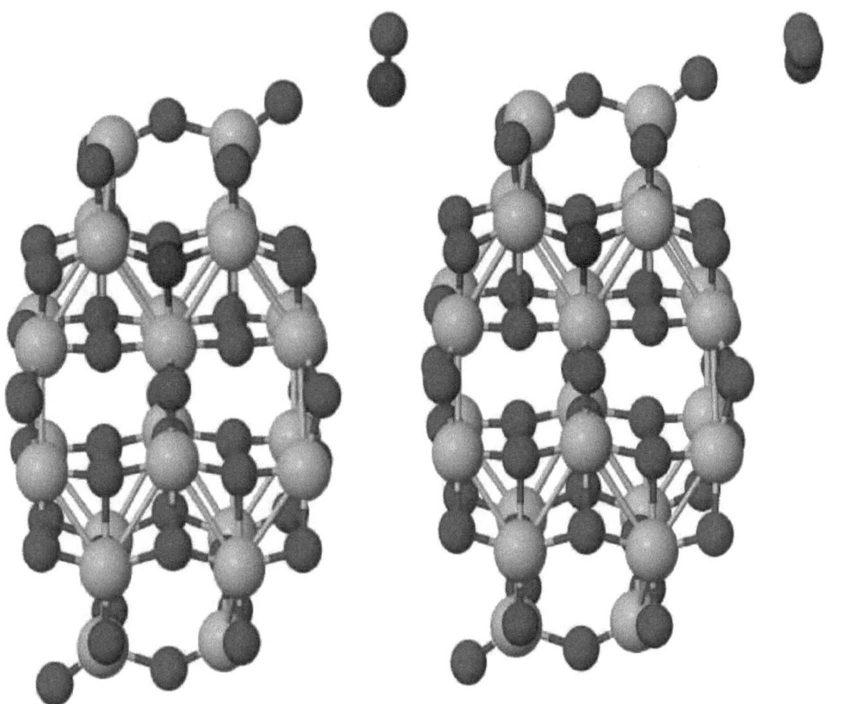

Figura 3.1. Estrutura não optimizada da nanopartícula de TiO2 anatase dopada com N com moléculas de NO e NO2 localizadas nas proximidades da nanopartícula.

A Figura 3.2 representa os complexos TiO2-NO considerados, optimizados pelo método DFT.

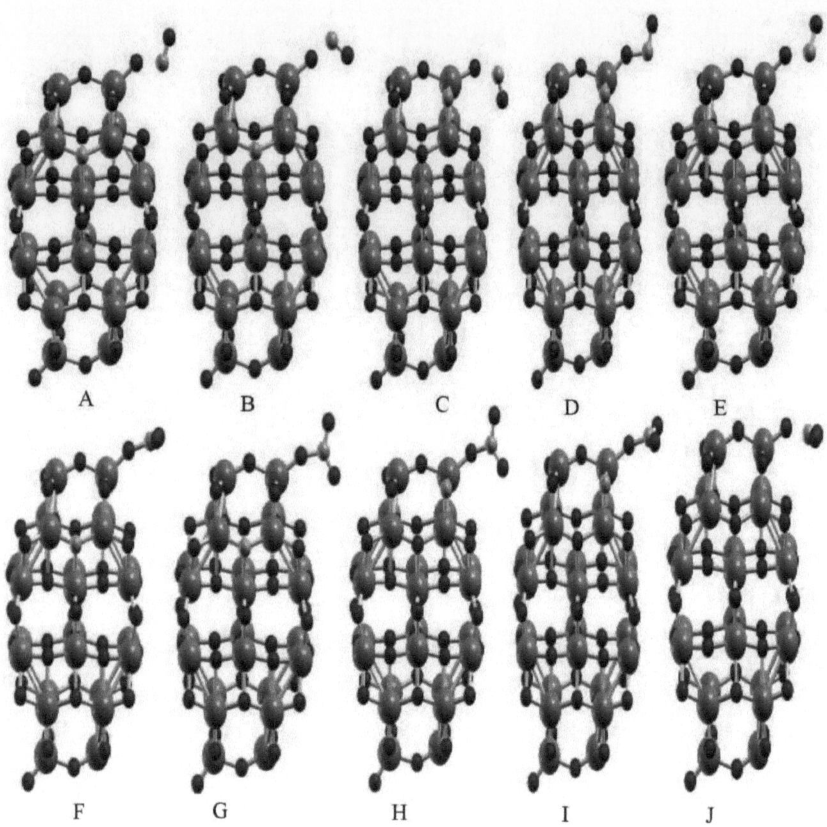

Figura 3.2. Configurações de geometria optimizada das moléculas de NO e NO2 adsorvidas nas nanopartículas de TiO2 anatase não dopadas e dopadas com N. As cores representam os átomos em conformidade, Ti a cinzento, O a vermelho e N a azul.

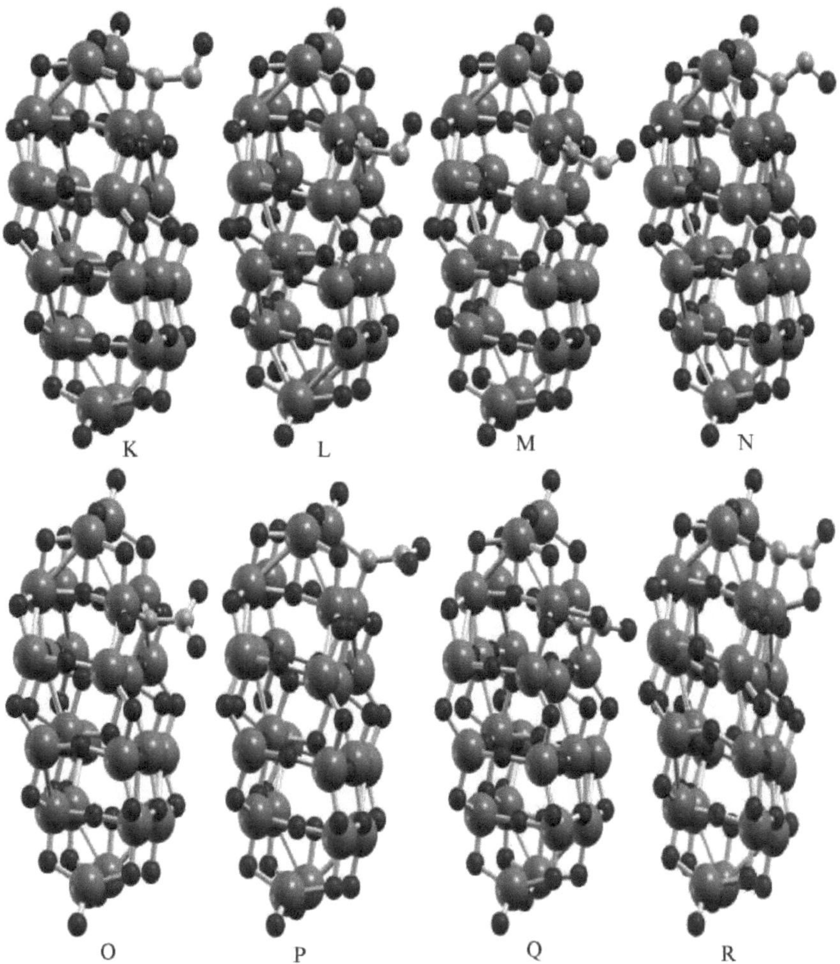

Figura 3.2. Continua.

Cada complexo nesta figura é diferente dos outros no que se refere à posição do oxigénio substituído do TiO2 e/ou do NO em relação à nanopartícula. Por exemplo, o complexo A foi construído a partir da substituição do átomo de oxigénio central (OC) por um átomo de azoto e da molécula de NO por um oxigénio ascendente. Nas configurações A e C, o átomo de oxigénio do NO foi posicionado para cima (posição 1) após relaxamento, enquanto nas configurações B e D, a molécula de NO foi colocada horizontalmente em direção ao oxigénio pendente, levando à distorção da molécula de

15

NO para a posição descendente do oxigénio (posição 2). A adsorção de NO em nanopartículas não dopadas ocorreu apenas na posição 1. Por conseguinte, a Figura 3.2 contém apenas uma configuração para a adsorção de NO em TiO2 anatase não dopado. Em todas as configurações de adsorção, o átomo de azoto da molécula de NO está situado na direção da superfície da nanopartícula. A Tabela 3.1 contém os valores optimizados de alguns comprimentos de ligação importantes antes e depois do processo de adsorção.

Tabela 3.1. Comprimentos e distâncias de ligação (em Å) para as moléculas de NO e NO2 adsorvidas na posição do átomo de oxigénio pendente das nanopartículas de TiO2 anatase dopadas com N.

Tipo (dopado com N) Ti-OD			N-O		Recém-formado (N-OD)	
	LDA	GGA	LDA	GGA	LDA	GGA
dopado com N (OT)						
Antes da adsorção	1.69	1.70	1.16	1.16		
adsorção de NO						
A	1.82	1.82	1.23	1.23	1.62	1.62
B	1.80	1.82	1.24	1.23	1.55	1.59
C	1.85	1.83	1.22	1.23	1.64	1.67
D	1.80	1.81	1.24	1.23	1.53	1.57
Não dopado						
Antes da adsorção	1.66	1.67	1.16	1.16		
E	1.76	1.76	1.31	1.30	1.57	1.65
dopado com N (Oc)						
Antes da adsorção	1.10	1.71	1.19	1.20		
Adsorção de NO2						
F	1.82	1.83	1.27	1.27	1.51	1.57
G	1.82	1.84	1.27	1.27	1.50	1.55
H	1.83	1.85	1.28	1.28	1.48	1.53
I	1.83	1.83	1.28	1.27	1.50	1.54
Não dopado						
Antes da adsorção	1.66	1.67	1.19	1.20		
J	167	1.67	1.28	1.28	2.98	2.98

Os comprimentos de ligação indicados incluem a ligação Ti-OD, a ligação N-O da molécula de NO e a ligação N-OD recém-formada entre a molécula de NO e a nanopartícula. A estrutura optimizada da molécula de NO antes do processo de adsorção é apresentada na Figura 3.3.

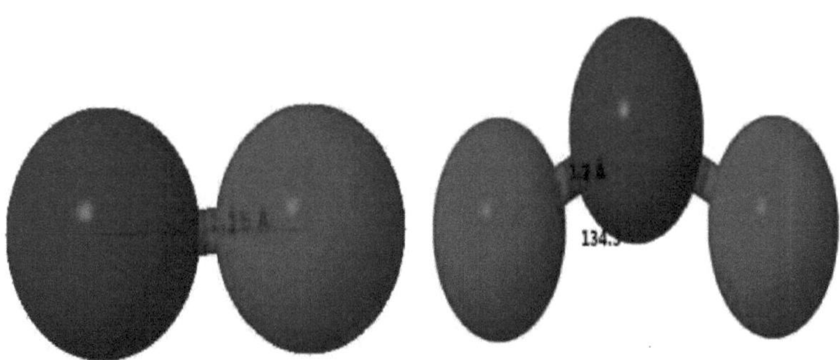

Figura 3.3. Estruturas optimizadas das moléculas de NO e NO2 antes do processo de adsorção

Após o processo de adsorção, a ligação Ti-OD e a ligação N-O da molécula de NO são alongadas devido à transferência da densidade eletrónica da ligação Ti-OD do TiO2 e da ligação N-O da molécula de NO adsorvida para a ligação N-OD formada entre o átomo de azoto da molécula de NO e o átomo de oxigénio pendente da nanopartícula de anatase de TiO2. Os resultados desta tabela foram recolhidos utilizando os funcionais LDA e GGA. Quanto menor for a ligação formada entre o átomo de azoto da molécula de NO e o átomo de oxigénio pendente (N-OD), mais forte será a interação da molécula de NO com a nanopartícula de TiO2 anatase.

3. 2. Comprimentos e ângulos de ligação/ molécula de NO2 no sítio OD de nanopartículas de anatase dopadas com N

As configurações de adsorção da molécula de NO2 no átomo de oxigénio pendente das nanopartículas de anatase dopadas com N e não dopadas foram especificadas como F a J, respetivamente (ver Figura 3.2). Cada complexo da Figura 3.2 é diferente dos outros no átomo OC ou OT substituído do TiO2, bem como na localização da molécula de NO2 em relação à nanopartícula. As configurações F e I foram caracterizadas como configurações N-down, enquanto os complexos G e H representam uma orientação paralela da molécula de NO2 em relação à nanopartícula. Após a adsorção, formou-se uma ligação importante entre o átomo de azoto da molécula de NO2 e o átomo de oxigénio da nanopartícula, que foi especificada como a ligação N-OD recém-formada. A Tabela 3.1 também inclui os comprimentos da ligação Ti-OD pendente, da ligação N-O da molécula de NO2 adsorvida e da ligação N-OD recém-formada antes e depois do processo de adsorção. Os resultados desta tabela indicam que a ligação Ti-OD da nanopartícula de anatase e as ligações N-O da molécula de NO2 são esticadas após o processo de adsorção. Estas variações dos comprimentos de ligação devem-se provavelmente à transferência da densidade eletrónica da ligação Ti-OD do TiO2 e das ligações N-O da molécula de NO2 adsorvida para a ligação N-OD recém-formada entre o átomo de azoto do NO2 e o átomo de oxigénio pendente da nanopartícula de anatase. Os ângulos de ligação para a fase gasosa da molécula de NO2 (antes da adsorção) e após a adsorção nas nanopartículas de TiO2 consideradas também foram apresentados na Tabela 3.2.

Tabela 3.2. Ângulos de ligação optimizados (em graus) para a molécula de NO2 após a adsorção em nanopartículas de TiO2 anatase dopadas com N.

Tipo de complexo	Ângulo de ligação	
	LDA	GGA
F	131.8	131.4
G	131	131.1
H	130.1	130.1
I	130.9	128.7
J	130.4	130.4
O	128	126
P	128.2	126.7
Q	125	124.5
R	122.8	122.3
Fase gasosa	134.3	134.3

A estrutura optimizada da molécula de NO2 foi também apresentada na Figura 3.3 com os resultados do comprimento e do ângulo das ligações. Estes resultados mostram que os ângulos entre os oxigénios (ângulos ONO) diminuíram, em comparação com os da fase gasosa do NO2. Esta redução dos ângulos de ligação e a alteração da geometria podem ser provavelmente atribuídas à formação de uma nova ligação entre o átomo de oxigénio do TiO2 e o átomo de azoto do NO2 e, consequentemente, à alteração da hibridação sp do azoto na molécula de NO2 para uma hibridação com maior contribuição p (quase-sp^2). Isto leva ao aumento das caraterísticas p das orbitais moleculares de ligação do azoto no NO2 adsorvido e, consequentemente, à redução dos ângulos de ligação. Quanto menor for a ligação formada entre o átomo de azoto do NO2 e o oxigénio pendente (N-OD), mais forte será a adsorção do NO2 no sítio OD da nanopartícula de TiO2 anatase. Os resultados das Tabelas 3.1 e 3.2 mostram que os comprimentos e ângulos de ligação optimizados para o NO2 adsorvido em nanopartículas de TiO2 não dopadas são relativamente mais próximos dos do NO2 não adsorvido em fase gasosa, descrevendo uma alteração fraca do NO2 com nanopartículas não dopadas.

3. 3. Comprimentos de ligação/molécula de NO no sítio N dopado das nanopartículas de TiO2 dopadas com N.

No caso das nanopartículas de anatase dopadas com N, um átomo de azoto substitui um átomo de oxigénio numa nanopartícula de TiO2. A estrutura eletrónica do átomo de azoto é $2s^2 2p^3$, enquanto a do átomo de oxigénio é $2s^2 2p^4$, o que leva à introdução de um buraco na partícula após a substituição. Os sítios de azoto dopados são mais activos do que os sítios de oxigénio pendentes no processo de adsorção [14]. Por conseguinte, a adsorção no local dopado com azoto é investigada nesta subsecção. Foram desenvolvidas quatro configurações de adsorção de NO no local de azoto, designadas K a N, variando de acordo com a localização da molécula de NO sobre a nanopartícula de anatase (ver Figura 3.2). Nas configurações K, L e M, a molécula de NO é adsorvida no local dopado com azoto da nanopartícula dopada com N com o oxigénio para cima, enquanto a configuração N indica a molécula de NO adsorvida com o oxigénio para baixo. Os valores dos comprimentos de ligação para estes tipos de adsorção são apresentados na Tabela 3.3 para comparação com os resultados obtidos antes da adsorção. Os comprimentos de ligação indicados nesta tabela incluem a ligação Ti-N, a ligação N-O da molécula de NO e a ligação N-N recém-formada. Por exemplo, os valores de LDA para as ligações Ti-N e N-O são 2,09 e 1,24, respetivamente, após a adsorção, que são muito mais longos do que a ligação Ti-N da nanopartícula dopada com N e a ligação livre da molécula N-O (1,90 e 1,16, respetivamente), sendo atribuídos à transferência da densidade eletrónica das ligações Ti-N e da ligação N-O da molécula de NO para a ligação recém-formada. São esperadas variações semelhantes para outras configurações de adsorção.

Tabela 3.3. Comprimentos de ligação (em Å) para a molécula de NO adsorvida no local do átomo de azoto das nanopartículas de TiO2 anatase dopadas com N.

Tipo de complexo	Média Ti-N distância		N-O		Recém-formado Distância N-N	
	LDA	GGA	LDA	GGA	LDA	GGA
dopado com N (O$_T$)						
Antes da adsorção	1.84	1.84	1.16	1.16		
dopado com N (O$_c$)						
Antes da adsorção	1.94	1.94	1.16	1.16		
K	2.09	2.09	1.24	1.24	1.66	1.66
L	2.08	2.08	1.21	1.22	1.86	1.86
M	2.07	2.10	1.23	1.23	1.73	1.76
N	2.14	2.07	1.29	1.25	1.62	1.61

Pode concluir-se que a ligação N-O na molécula de NO é enfraquecida (esticada) após a adsorção, enquanto a ligação química N-N se forma neste processo. Para a ligação NN recém-formada, o valor do comprimento calculado na configuração N é de 1,62 Å, que é o comprimento de ligação mais pequeno, em comparação com as outras configurações de adsorção. Isto significa que a molécula de NO é fortemente atraída pela nanopartícula. Os resultados também sugerem que as ligações TiN das nanopartículas dopadas com N são esticadas após o relaxamento, porque o átomo de azoto da nanopartícula foi ligeiramente puxado para fora da sua posição original.

3. 4. Comprimentos e ângulos de ligação/ molécula de NO2 no sítio N dopado de nanopartículas de anatase dopadas com N.

As interações do NO2 em fase gasosa com a superfície de azoto dopado das nanopartículas dopadas com N foram modeladas como complexos designados por O a R. A Figura 3.2 apresenta as geometrias optimizadas dos complexos TiO2-NO2. Existe um único ponto de contacto entre a nanopartícula e a molécula de NO2 adsorvida nas configurações O e P, enquanto as configurações Q e R proporcionam um ponto de interação duplo entre o adsorvente e a molécula de NO2 adsorvida, o que leva à formação de novas ligações Ti-O e N-N no local de adsorção. A Tabela 3.4 inclui os valores optimizados de alguns comprimentos de ligação importantes antes e depois da adsorção, que foram especificados como ligação Ti-N, ligações N-O da molécula de NO2 e ligação N-N recém-formada.

Tabela 3.4. Comprimentos de ligação (em Å) para a molécula de NO2 adsorvida no local do átomo de azoto das nanopartículas de TiO2 anatase dopadas com N.

Tipo de complexo	Média Ti N distância		N-O1		N-O2		Recém-formado Distância N-N	
	LDA	GGA	LDA	GGA	LDA	GGA		
dopado com N (OT)								
Antes da adsorção	1.84	1.84	1.19	1.20	1.19	1.20		
dopado com N (Oc)								
Antes da adsorção	1.94	1.94	1.19	1.20	1.19	1.20		
O	2.17	2.16	1.29	1.29	1.31	1.31	1.53	1.54
P	2.12	2.21	1.30	1.30	1.27	1.28	1.55	1.61
Q	2.11	2.10	1.27	1.27	1.37	1.37	1.43	1.43
R	2.02	2.10	1.26	1.25	1.42	1.43	1.38	1.39

Os resultados calculados demonstram que a ligação Ti-N e as ligações N-O da molécula de NO2 são esticadas após o processo de adsorção. A razão é a mesma que no caso da adsorção no local OD. Estes resultados indicam que a adsorção dá origem a um aumento dos comprimentos das ligações N-O da molécula de NO2. Os valores típicos dos ângulos de ligação para a molécula de NO2 na fase gasosa (antes da adsorção) e as estruturas optimizadas da molécula de NO2 adsorvida no sítio de azoto dopado das nanopartículas de TiO2 dopadas com N são apresentados na Tabela 3.2. Estes resultados mostram que o ângulo O-N-O entre os átomos de oxigénio da molécula de NO2 diminuiu em comparação com a molécula de NO2 livre não adsorvida. Esta redução e alteração da geometria podem ser atribuídas à formação de uma nova ligação entre o átomo de azoto do TiO2 e o átomo de azoto da molécula de NO2, o que, por sua vez, pode alterar a hibridação do átomo de azoto do NO2 de sp para uma hibridação com maior contribuição p (quase-sp2). Isto leva ao aumento das caraterísticas p das orbitais moleculares de ligação do azoto no NO2 adsorvido e, consequentemente, à redução dos ângulos de ligação. Além disso, a molécula de NO2 é mais fortemente esticada pela nanopartícula de anatase, quando a ligação formada entre o azoto da molécula de NO2 e o azoto da nanopartícula dopada com N (N-N) diminui. Uma consequência desta afirmação seria que a dopagem com N poderia levar ao reforço da interação do NO2 com a nanopartícula de TiO2. Finalmente, a comparação dos resultados obtidos para a adsorção de NO2 no sítio OD com os resultados obtidos para a adsorção de NO2 no sítio de azoto dopado mostrou que este último fornece valores de ângulo de ligação menores. Isto significa que a adsorção no local do azoto conduz a uma redução significativa dos ângulos de ligação, em comparação com a adsorção no local OD.

1.5. Energias de adsorção/molécula de NO no sítio OD de nanopartículas de anatase dopadas com N

Os valores de energia de adsorção para a adsorção de NO no átomo de oxigénio pendente das nanopartículas de anatase estão listados na Tabela 3.5. Estes valores foram calculados utilizando os funcionais LDA e GGA. Os sítios de oxigénio oscilante e de azoto dopado são dois sítios de adsorção energeticamente favoráveis [13, 14]. Para este tipo de adsorção, por exemplo, na configuração A, as energias médias de adsorção são de cerca de -3,15 e -2,72 eV (a partir de LDA e GGA, respetivamente), o que é muito inferior à adsorção no sistema não dopado (-2,17 e -1,90 eV), sugerindo que a adsorção de uma molécula de NO na nanopartícula dopada com N é energeticamente mais favorável do que a adsorção na nanopartícula pura. Além disso, a energia de adsorção para a configuração B é a mais pequena (negativa), em comparação com as outras configurações, o que significa uma configuração mais estável em comparação com a adsorção do sistema não dopado e a adsorção de outras partículas dopadas com N, mas não tão estável como a adsorção no local de azoto dopado. Por conseguinte, a configuração de adsorção em que a molécula de NO com oxigénio descendente é adsorvida no local OD da nanopartícula substituída por OC é a configuração mais estável (energeticamente favorável). Para todas as configurações de adsorção, as energias de adsorção pelo método LDA são mais negativas do que as calculadas por GGA, porque o LDA sobrestima os valores de energia de adsorção. Quanto mais negativa for a energia de adsorção, maior será a tendência para a adsorção e, consequentemente, mais estável será a adsorção. Isto faz com que a interação do NO com a nanopartícula de anatase seja muito forte. As melhorias da energia de adsorção e das propriedades estruturais (como comprimentos e ângulos de ligação) da adsorção de NO no TiO2 obtidas por dopagem com N indicam-nos que o TiO2 dopado com N pode ser utilizado eficazmente para a remoção ou deteção de NO. O aumento da eficiência das nanopartículas de TiO2 no processo de adsorção por dopagem com N foi recentemente discutido por Liu et al. [14] para a adsorção de monóxido de carbono.

1.6. Energias de adsorção/molécula de NO2 no sítio $_{OD}$ de nanopartículas de anatase dopadas com N

A Tabela 3.5 contém as energias de adsorção avaliadas com base na subtração entre a energia do sistema complexo e a energia da nanopartícula e a da molécula de NO2 livre. Os resultados mostram que a adsorção de uma molécula de NO2 na nanopartícula dopada com N é energeticamente mais favorável do que a adsorção na não dopada. Do mesmo modo, as energias de adsorção obtidas por LDA são mais negativas do que as energias de adsorção por GGA. Os nossos cálculos das cinco configurações de adsorção de interesse aqui mostraram que o modo de adsorção preferido é, de facto, a orientação paralela do NO2 em direção ao TiO2 $_{\text{substituído por OC}}$ (configuração G). As configurações deste tipo de adsorção são apresentadas na Figura 3.2. A energia de adsorção calculada para esta configuração é de -5,25 eV com base no funcional LDA, que é muito mais elevada (mais negativa) do que a energia de adsorção do sistema não dopado. Com base nestes resultados, a adsorção de NO2 no sítio $_{OD}$ da nanopartícula de anatase é mais favorável em termos energéticos, em comparação com a adsorção de NO, sugerindo que a nanopartícula dopada com N pode reagir com a molécula de NO2 de forma mais eficiente.

1.7. Energias de adsorção/molécula de NO no sítio N dopado de nanopartículas de TiO2 dopadas com N.

Para todas as configurações estudadas neste trabalho, a adsorção de moléculas de NOx perto do sítio de azoto dopado é mais favorável em termos energéticos do que a adsorção de NOx no sítio de oxigénio pendente. A Tabela 3.5 também apresenta as energias de adsorção calculadas (em eV) do NO ligado ao local do azoto das nanopartículas de anatase dopadas com N. A energia de adsorção da configuração M é de cerca de -3,44 eV no cálculo LDA, o que é mais negativo do que os valores das outras configurações, sugerindo que esta configuração é a mais estável, em comparação com as outras configurações. A energia de adsorção mais elevada desta configuração significa uma maior adsorção de NO nas nanopartículas de TiO2. Quanto maior for a energia de adsorção, maior será a tendência para a adsorção e, consequentemente, mais eficiente será a adsorção. Os resultados mostram que a molécula de NO é fortemente adsorvida no sítio N da nanopartícula dopada com N, em comparação com o sítio OD. Por outras palavras, a dopagem com N melhora significativamente o comportamento de adsorção das nanopartículas dopadas com N.

1.8. Energias de adsorção/molécula de NO2 no sítio N dopado de nanopartículas de TiO2 dopadas com N.

Os resultados da Tabela 3.5 para a adsorção de NO2 no sítio de azoto dopado mostram que a configuração de adsorção mais eficiente é a configuração R, que tem o valor de energia de adsorção mais baixo de -6,17 eV com base no funcional LDA.

Tabela 3.5. Energias de adsorção (em eV) para moléculas de NO e NO2 adsorvidas nas nanopartículas de TiO2 anatase dopadas com N.

Tipo de complexo	Energias de adsorção (eV)				
	LDA	GGA		LDA	GGA
adsorção de NO			Adsorção de NO2		
A	-3.15	-2.72	F	-5.18	-2.18
B	-3.24	-2.74	G	-5.25	-2.38
C	-2.72	-1.89	H	-4.53	-2.11
D	-2.54	-1.36	I	-3.49	-1.45
E	-2.17	-1.90	J	-3.12	-1.32
K	-2.74	-1.86	O	-5.20	-1.87
L	-3.11	-2.25	P	-2.94	-2.27
M	-3.44	-2.22	Q	-6.62	-3.14
N	-2.72	-1.90	R	-6.17	-3.16

Isto significa um complexo mais estável em comparação com os outros complexos. Como já foi referido, esta configuração proporciona um duplo ponto de contacto na interface de adsorção. Aqui, pode ser feita uma comparação razoável entre os sítios OD e N do ponto de vista da energia de adsorção. Esta comparação indica que o local de adsorção preferido é, de facto, o local dopado com azoto, devido à maior atividade deste local no processo de adsorção, bem como aos valores mais elevados das energias de adsorção. No entanto, o local dopado com azoto pode ser eficazmente utilizado para a remoção ou deteção de NO_2. Estes resultados sugerem que a modificação da superfície da anatase através da substituição do átomo de oxigénio por azoto pode levar a um aumento da eficiência de adsorção.

1.9. Estruturas electrónicas

As densidades de estado totais para os sistemas considerados de nanopartículas de TiO_2 com moléculas de NOx adsorvidas são apresentadas nas Figuras 3.4 e 3.5, respetivamente.

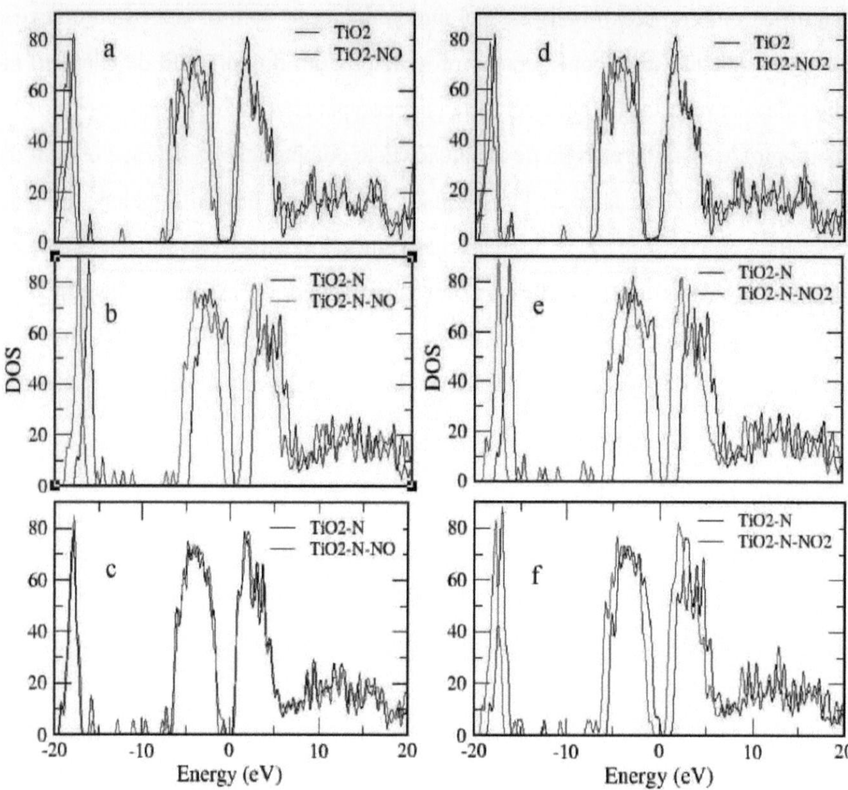

Figura 3.4. Densidade total de estados para os sistemas considerados constituídos pelas moléculas de NO e NO2 adsorvidas no sítio oᴅ das nanopartículas de TiO2 anatase dopadas com N, antes e depois do processo de adsorção.

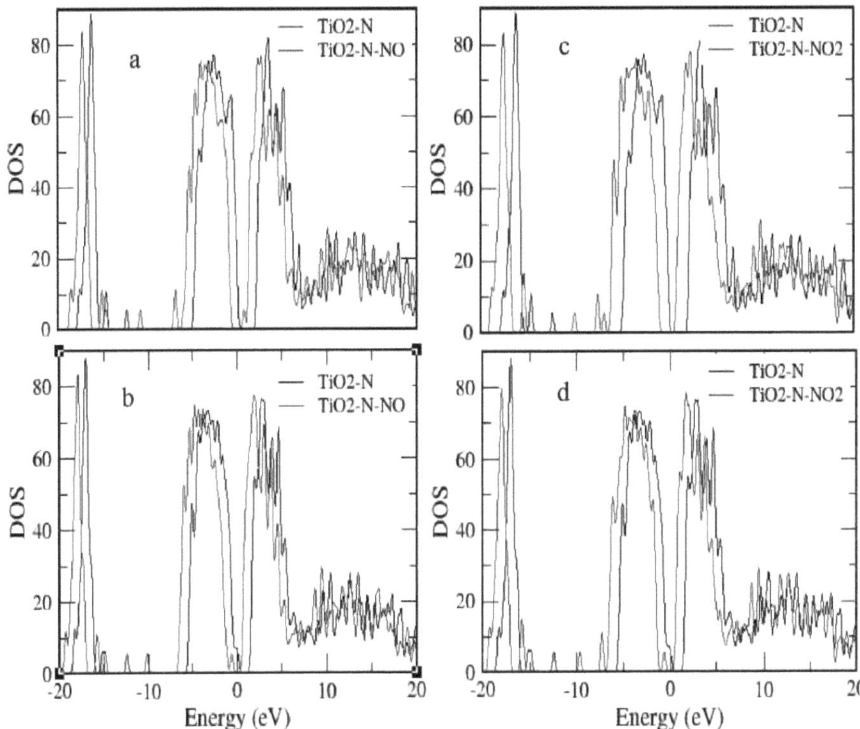

Figura 3.5. Densidade total de estados para os sistemas considerados de nanopartículas de TiO2 anatase dopadas com N com molécula adsorvida antes e depois do processo de adsorção.

Estas figuras mostram que as diferenças entre o DOS do TiO2 dopado com N e não dopado são aumentadas pela adsorção de moléculas de NO e NO2. Estas diferenças incluem tanto a deslocação crescente das energias dos picos como a criação de alguns picos novos no DOS do TiO2 não dopado. Verificámos também que o processo de adsorção não alterou significativamente o DOS dos sistemas considerados e os principais impactos incluem pequenos deslocamentos nas energias dos estados para valores de energia mais baixos e a geração de alguns pequenos picos nos níveis de energia que variam entre -5 e -15 eV. Deve também mencionar-se que o intervalo de energia próximo de 0 eV é maior para o TiO2 não dopado e para o TiO2 dopado com N substituído com oc após a adsorção de moléculas de NO e NO2, no entanto, o intervalo de energia do TiO2 dopado com N substituído com oт não foi alterado pelo processo de adsorção. Uma consequência mais próxima desta afirmação seria o facto de as propriedades de transporte eletrónico das nanopartículas terem sido influenciadas pelo intervalo de energia do DOS, o que pode ser uma caraterística eficiente para a deteção de óxidos de azoto por nanopartículas de TiO2. A fim de analisar melhor as variações electrónicas das nanopartículas consideradas, calculámos os DOSs projectados para o oxigénio e para o azoto (O-PDOS e N-PDOS) para as nanopartículas de TiO2 pristinas e para os dois tipos de nanopartículas dopadas, a fim de indicar o transporte de electrões entre o átomo de oxigénio pendente da nanopartícula e o átomo de azoto das moléculas de NO e NO2. A Figura 3.6 inclui seis painéis para a adsorção da molécula de NO nos sítios do átomo de oxigénio oscilante e do átomo de azoto dopado.

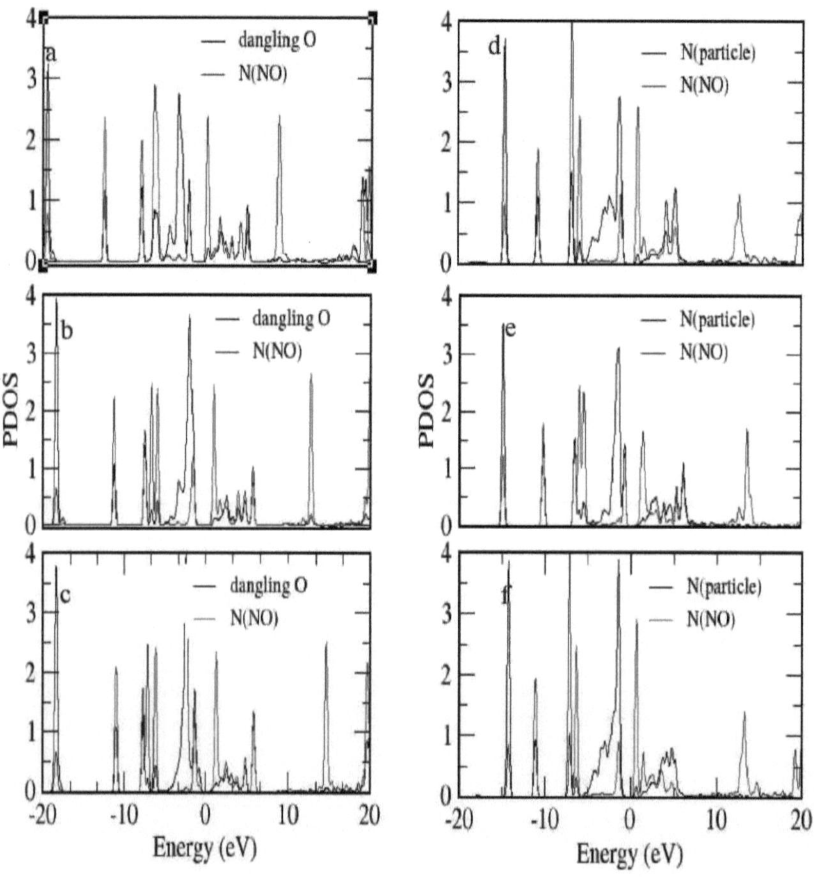

Os painéis (a-c) da Figura 3.6 representam os PDOSs do átomo de oxigénio e do átomo de azoto da molécula de NO após a adsorção de NO no sítio OD, enquanto os PDOSs dos átomos de azoto para a adsorção de NO no sítio de azoto dopado foram apresentados nos painéis (d-f). Nos painéis (a-c), podemos ver a grande sobreposição de PDOS para os átomos de oxigénio e de azoto, o que sugere a formação de uma nova ligação N-OD entre a nanopartícula e a molécula de NO adsorvida. Além disso, esta sobreposição entre o átomo de azoto da nanopartícula dopada com N e o átomo de azoto da molécula de NO revela que se formou uma ligação química NN entre o adsorvente e a molécula adsorvida. Também apresentámos os PDOSs para a molécula de NO2 adsorvida nas partículas de anatase dopadas com N nas posições do átomo de oxigénio pendente e do átomo de azoto dopado na Figura 3.7.

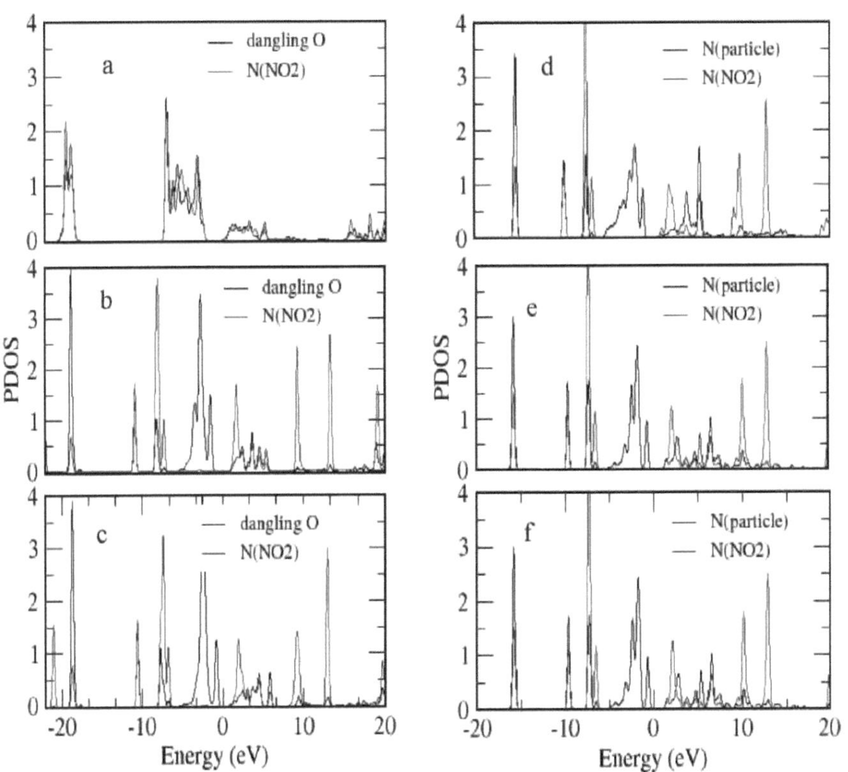

Figura 3.7. PDOS para a adsorção da molécula de NO2 nas nanopartículas dopadas com N, (a) complexo J; (b) complexo F; (c) complexo H; (d) complexo O; (e) complexo Q; (f) complexo R.

Os PDOSs do átomo de oxigénio pendente da nanopartícula e do átomo de azoto da molécula de NO2 após adsorção no local od são apresentados nos painéis (a-c), que indicam a elevada sobreposição entre os PDOSs destes dois átomos. Isto significa a formação de uma nova ligação NOD entre a nanopartícula e a molécula de NO2. Nesta figura, as PDOSs dos átomos de azoto da nanopartícula e da molécula de NO2 foram também apresentadas nos painéis (d-f). As linhas sólidas pretas nestes painéis indicam os PDOSs do átomo de azoto da nanopartícula e as linhas azuis mostram os PDOSs do átomo de azoto da molécula de NO2. Estes dois átomos de azoto também formam uma ligação química após o processo de adsorção. A razão é a mesma que a mencionada anteriormente. Para as configurações com dois pontos de contacto (adsorções dos tipos G e H), os DOSs projectados do titânio e do oxigénio foram também apresentados na Figura 3.8, o que sugere a formação de uma nova ligação Ti-O entre o átomo de titânio da nanopartícula e o átomo de azoto da molécula de NO2.

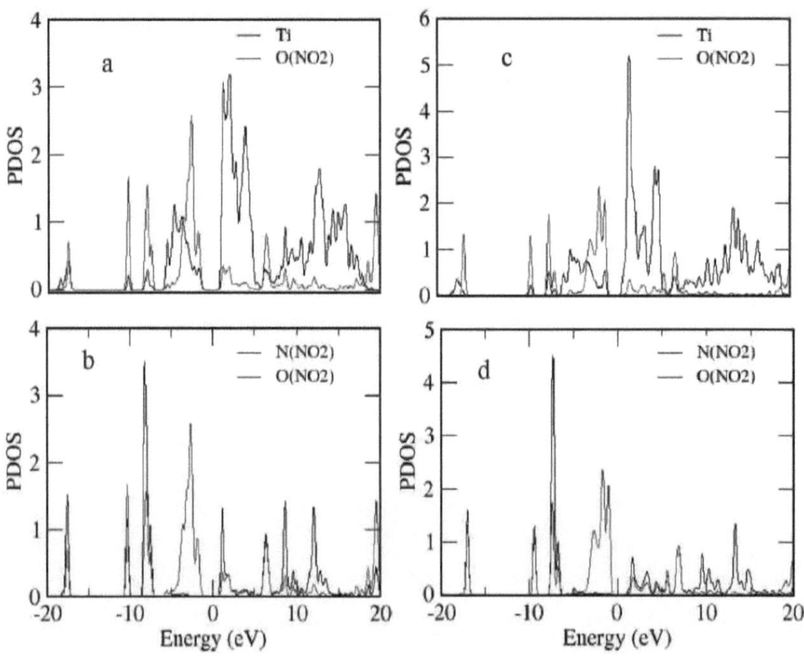

O DOS polarizado por spin para estados de spin-up e spin-down foi apresentado na Figura 3.9 para adsorções de NO e NO2 nas nanopartículas de TiO2 dopadas com N.

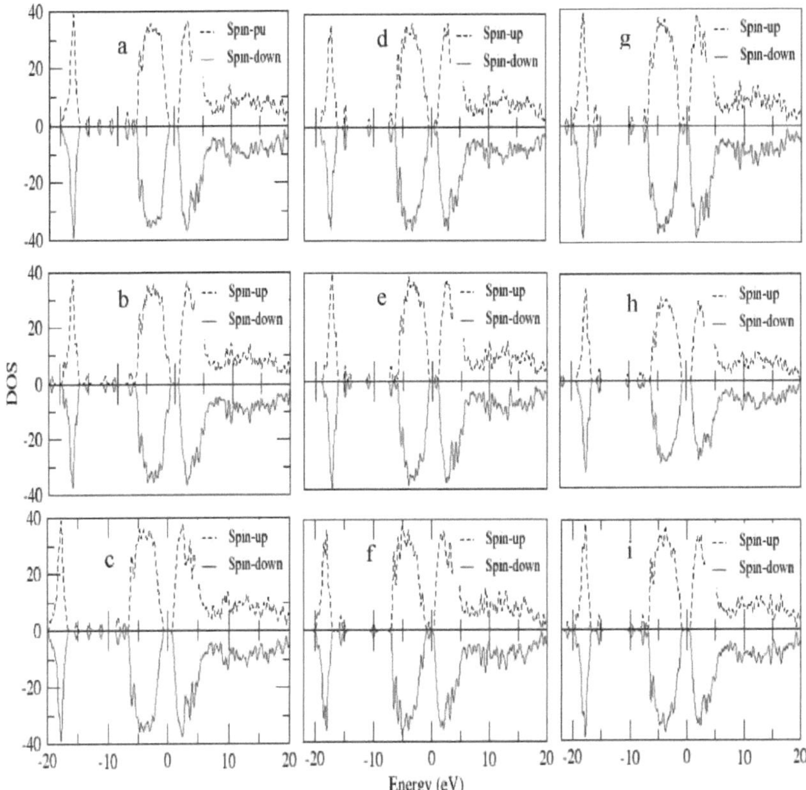

Figura 3.9. A densidade de estados spin-polarizada para as moléculas de NO e NO2 adsorvidas no átomo de oxigénio pendente das nanopartículas de TiO2 anatase, (a) complexo G; (b) complexo H; (c) complexo I; (d) complexo L; (e) complexo M; (f) complexo N; (g) complexo P; (h) complexo Q; (i) complexo R.

Para além destes, foram efectuados cálculos de orbitais moleculares para melhor descrever o processo de adsorção. Para este efeito, apresentamos na Figura 3.10 as orbitais moleculares HOMO e LUMO para as moléculas de NO e NO2 antes do processo de adsorção.

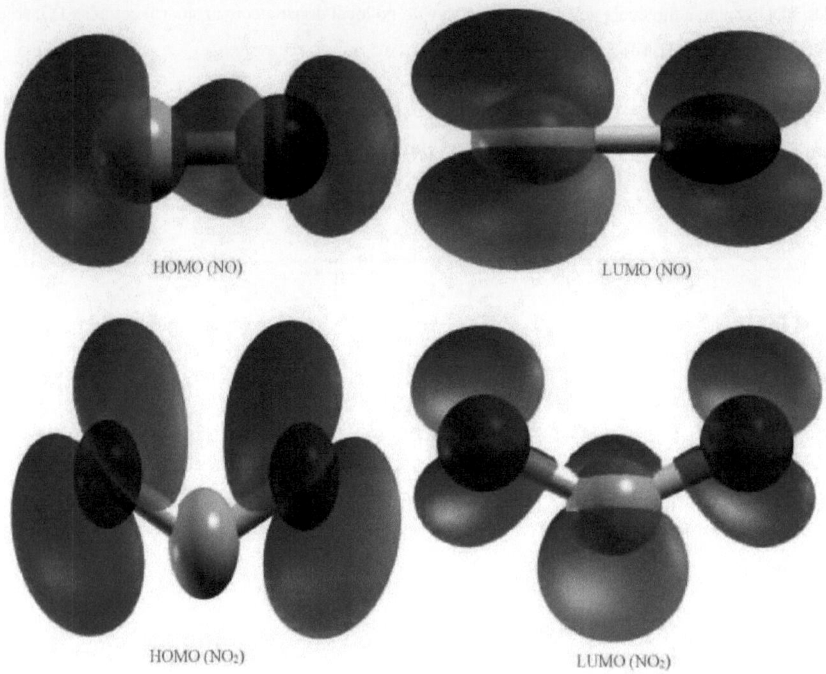

Figura 3.10. As isosuperfícies das orbitais moleculares HOMO e LUMO para as moléculas de NO e NO2 antes do processo de adsorção. A cor laranja representa a área positiva, enquanto a cor azul representa a área de valor negativo.

Uma inspeção mais atenta destas orbitais moleculares revela claramente a contribuição das áreas de carga positiva e negativa. As isosuperfícies das orbitais moleculares HOMO e LUMO dos sistemas estudados são apresentadas na Figura 3.11. Como pode ser visto nesta figura, em cada caso, os HOMOs estão fortemente localizados no adsorvato, enquanto que para todos os sistemas estudados, o LUMO está fortemente localizado na nanopartícula.

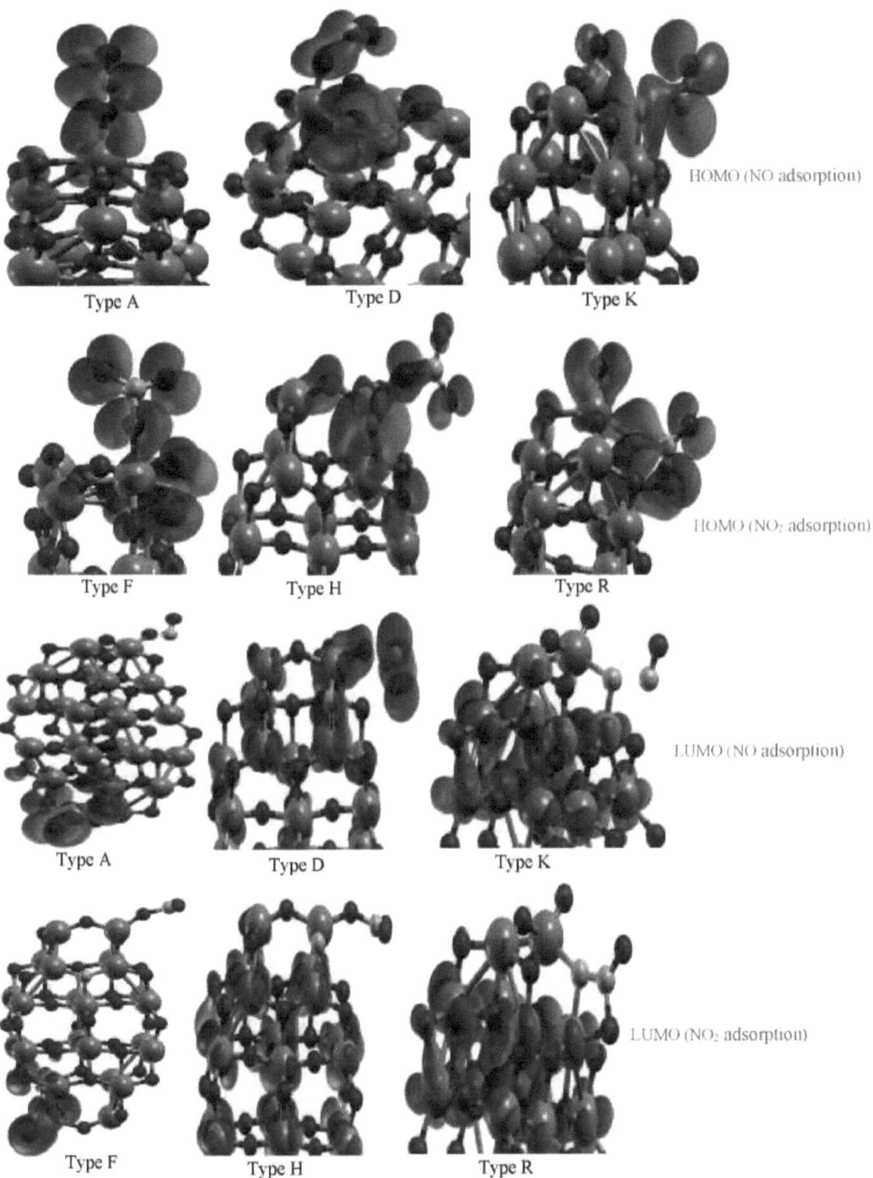

Figura 3.11. As isosuperfícies das orbitais moleculares HOMO e LUMO para as moléculas de NO e NO2 adsorvidas nas nanopartículas de TiO2. Após a adsorção, a densidade eletrónica aumenta no meio da ligação recém-formada (ligações N-OD e N-N).

1.10. Análise da transferência de carga

A fim de investigar melhor a adsorção de moléculas de óxido de azoto nas nanopartículas de anatase consideradas, a análise de carga baseada nas cargas de Mulliken também foi fornecida neste trabalho. A diferença de carga para a partícula I após e antes da adsorção foi calculada através da seguinte equação:

$$\Delta C_i = C_{i\,(\text{in complex})} - C_{i\,(\text{in vacuum})} \qquad (2)$$

em que c_i é o valor da carga Mulliken de i. O subscrito "I" refere-se à nanopartícula de TiO_2 ou à molécula de NO_x. A diferença de carga, ΔC, é uma medida da quantidade de carga transferida para, ou das nanopartículas estudadas de, ou para o adsorvente. Os valores calculados da carga de Mulliken para diferentes configurações de adsorção são apresentados na Tabela 3.6.

Tabela 3.6. Valores de carga Mulliken (em e) para moléculas de NO e NO2 adsorvidas nas nanopartículas de TiO2 anatase dopadas com N.

Tipo de TiO2-N complexo	NÃO		Tipo de TiO2-N complexo	NO2	
A	-0.149	0.149	F	-0.012	0.012
B	-0.169	0.169	G	-0.078	0.078
C	-0.092	0.092	H	-0.045	0.045
D	-0.935	0.935	I	-0.113	0.113
K	-0.149	0.149	O	-0.046	0.046
L	-0.264	0.264	P	0.044	-0.044
M	-0.287	0.287	Q	-0.009	0.009
N	-0.137	0.137	R	0.043	-0.043

Os valores de ΔC para os diferentes complexos apresentam diferenças insignificantes entre si. Por exemplo, o valor calculado da carga Mulliken para o TiO2 dopado com N na configuração A é -0,149 e e o da molécula de NOx é +0,149 e. Estes valores indicam que a nanopartícula de TiO2 actua como um aceitador de electrões do adsorvato. Esta seria uma propriedade eficaz para ajudar no desenvolvimento de sensores e dispositivos de remoção baseados em TiO2.

Capítulo 4

Sistema de adsorção de NH3

Para a adsorção de amoníaco molecular nas nanopartículas de TiO2 anatase não dopadas e dopadas com N, considerámos o átomo de titânio da nanopartícula, coordenado a cinco vezes, como um local ativo para a adsorção. Foram estudadas as adsorções de moléculas de NH3 no átomo de titânio de nanopartículas pristinas e dopadas. Os resultados sugerem que os átomos de titânio com coordenação quíntupla são mais activos do que os com coordenação sêxtupla devido à subcoordenação dos átomos de Ti com coordenação quíntupla, em comparação com os com coordenação sêxtupla. Por conseguinte, a molécula de amoníaco é mais fortemente adsorvida no sítio do Ti coordenado a cinco dobras. Esta caraterística das nanopartículas de TiO2 pode sugerir um procedimento útil para a deteção e a deteção de moléculas de NH3 durante o processo de adsorção.

4.1. Comprimentos de ligação e ângulos de ligação

As adsorções da molécula de NH3 no sítio ativo do titânio das nanopartículas de TiO2 anatase não dopadas e dopadas com N foram aqui discutidas do ponto de vista estrutural e energético. Apresentamos na Figura 4.1 as estruturas não optimizadas das nanopartículas de anatase não dopadas e dopadas com N, com a molécula de amoníaco orientada em posições adequadas em relação à nanopartícula.

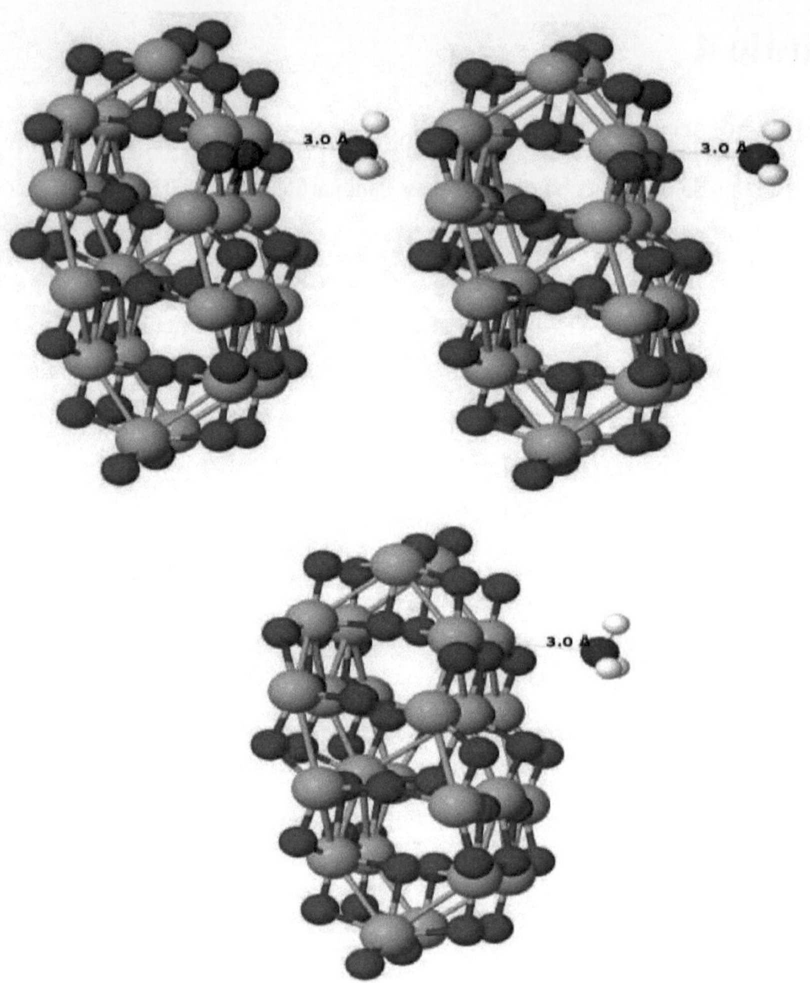

Figura 4.1. Estruturas das nanopartículas de TiO2 pristinas e dopadas com N com a molécula de amoníaco localizada na posição apropriada antes do processo de adsorção.

A Figura 4.2 apresenta também a estrutura da molécula de amoníaco antes do processo de adsorção, com resultados de comprimento e ângulo de ligação.

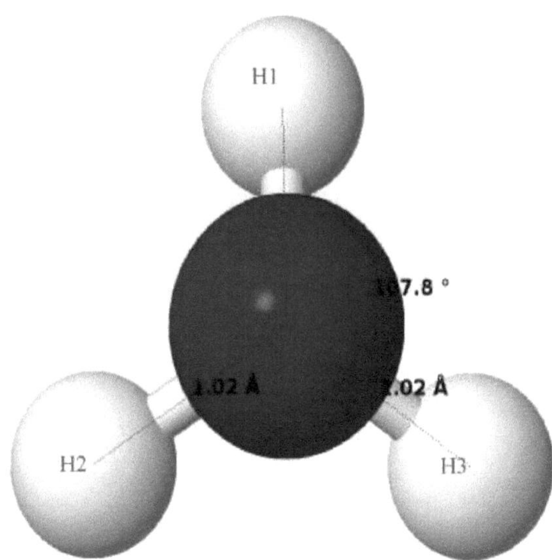

Figura 4.2. Estrutura da molécula de amoníaco (NH3) antes do processo de adsorção.

Os complexos contidos na Figura 4.3 diferem do átomo de TiO2 substituído por OC ou OT em relação às nanopartículas de anatase e indicam diferentes orientações da molécula de amoníaco em relação à nanopartícula. Na adsorção do tipo A, uma molécula de amoníaco é posicionada em direção à nanopartícula dopada com N substituído por OC. O átomo de azoto é atraído pelo átomo de titânio da nanopartícula com uma ligeira distorção da sua posição original. Enquanto o complexo de adsorção do tipo B representa a interação da molécula de amoníaco com o átomo de titânio coordenado a cinco vezes da nanopartícula dopada com N substituído com OT. A Figura 4.3 contém também uma configuração para a adsorção de amoníaco em nanopartículas de anatase não dopadas.

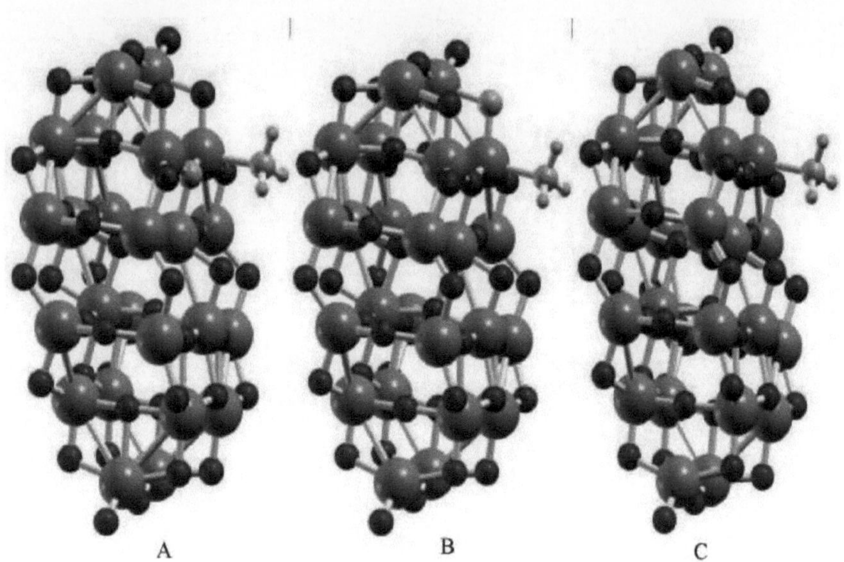

A   B   C

Figura 4.3. Configurações de geometria optimizada da adsorção de moléculas de NH3 nas nanopartículas de TiO2 anatase não dopadas e dopadas com N. As esferas cinzentas maiores são átomos de Ti e as pequenas esferas vermelhas, azuis e verdes representam átomos de O, N e H, respetivamente.

Após a adsorção, formou-se uma ligação importante entre o átomo de titânio da nanopartícula de TiO2 e o átomo de azoto da molécula de amoníaco, que foi definida como a ligação Ti-N recém-formada. A Tabela 4.1 contém os comprimentos da ligação N-H da molécula de NH3 adsorvida, os ângulos da ligação H-N-H e a ligação TiN recém-formada entre a nanopartícula e a molécula de NH3, em comparação com os dados anteriores ao processo de adsorção.

Tabela 4.1. Comprimentos de ligação (em Å) e ângulos de ligação (em graus) para a molécula de NH3 adsorvida nas nanopartículas de TiO2.

Complexo	N-H	Ti-N	H1-N-H2	H1-N-H3	H2-N-H3
A	1.04	2.16	110.3	110.6	11.7
B	1.04	2.17	110.2	111.3	111.1
C	1.04	2.17	110.3	111.1	111.0
Antes de adsorção	1.02	-	107.8	107.8	107.8

Com base nos resultados obtidos, verificámos que os comprimentos das ligações N-H

38

da molécula de NH3 adsorvida após a adsorção são mais longos do que antes do processo de adsorção, sendo provavelmente atribuídos à transferência da densidade eletrónica da nanopartícula de TiO2 e das ligações N-H da molécula de NH3 adsorvida para a ligação TiN recém-formada entre o átomo de titânio da nanopartícula de TiO2 e o átomo de azoto da molécula de amoníaco. Quanto mais pequena for a ligação formada entre o átomo de titânio da nanopartícula com coordenação dupla e o átomo de azoto da molécula de NH3 (Ti-N), mais forte será a interação da molécula de amoníaco perto da nanopartícula.

4.2. Energias de adsorção

As energias de adsorção da molécula de NH3 adsorvida em diferentes nanopartículas de anatase não dopadas e dopadas com N são apresentadas na Tabela 4.2. Os valores de E_{ad} foram calculados utilizando aproximações integrais de correlação de troca GGA. O local do átomo de titânio deve ser considerado como um local de adsorção energeticamente favorável, o que foi anteriormente referido por *Liu et al* [14] relativamente à adsorção de CO nas nanopartículas de TiO2 dopadas com N. Como mencionado acima, as configurações relevantes são mostradas na Figura 4.3, de A a C. Os resultados da Tabela 4.2 indicam que os valores de E_{ad} para a adsorção de NH3 na nanopartícula dopada com N são muito mais elevados (mais negativos) do que os da nanopartícula pristina (não dopada). Por outras palavras, a adsorção na nanopartícula dopada com N é energeticamente mais favorável do que a adsorção na nanopartícula não dopada. Por outro lado, a energia de adsorção do tipo A é muito mais elevada do que a do tipo C, o que indica uma configuração mais estável em comparação com a adsorção do sistema não dopado e a adsorção de outras partículas dopadas com N. Isto significa que a nanopartícula dopada com N (Tipo A ou B) pode reagir com a molécula de NH3 de forma mais eficiente, em comparação com a não dopada (Tipo C). Isto conduz a complexos geométricos energeticamente favoráveis e, consequentemente, a configurações de adsorção mais eficientes. Quanto mais negativo for o E_{ad}, mais estável será a estrutura adsorvida e, consequentemente, mais eficiente será a adsorção. Isto faz com que a interação do NH3 com a nanopartícula de anatase seja muito forte. Tendo em conta esta conclusão e as melhorias tanto da energia de adsorção como das caraterísticas geométricas dos sistemas constituídos pela molécula de NH3 adsorvida na nanopartícula de TiO2 obtida por dopagem com N, espera-se que a nanopartícula de anatase dopada com N seja mais sensível do que a não dopada quando utilizada como sensor de amoníaco.

4.3. Estruturas electrónicas

A Figura 4.4 mostra a densidade total de estados (DOSs) para as nanopartículas dopadas com N em comparação com a DOS para sistemas complexos constituídos pela nanopartícula de TiO2 com a molécula de NH3. O painel (a) desta figura representa a DOS da nanopartícula pristina antes e depois do processo de adsorção. Os outros dois painéis mostram o DOS para dois tipos de nanopartículas dopadas com N. As maiores diferenças são a criação de alguns pequenos picks e a alteração da energia dos estados para valores de energia mais baixos após o processo de adsorção.

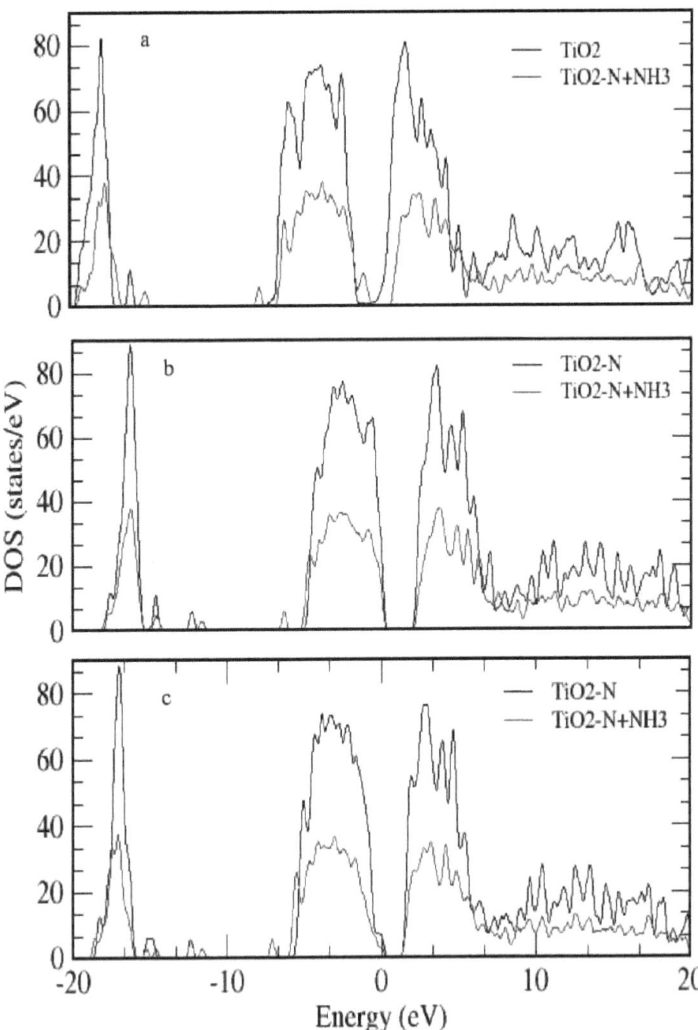

Figura 4.4. DOS para os complexos de adsorção das nanopartículas de TiO2 dopadas com N, a: complexo C; b: complexo A; c: Complexo B.

A Figura 4.5 representa os DOSs da molécula de NH3 e da nanopartícula de TiO2 após a adsorção de NH3, sugerindo a elevada sobreposição entre os DOSs da molécula de TiO2 e de NH3. A densidade de estados polarizada por spin para os estados de spin-up e spin-down também foi apresentada nesta figura.

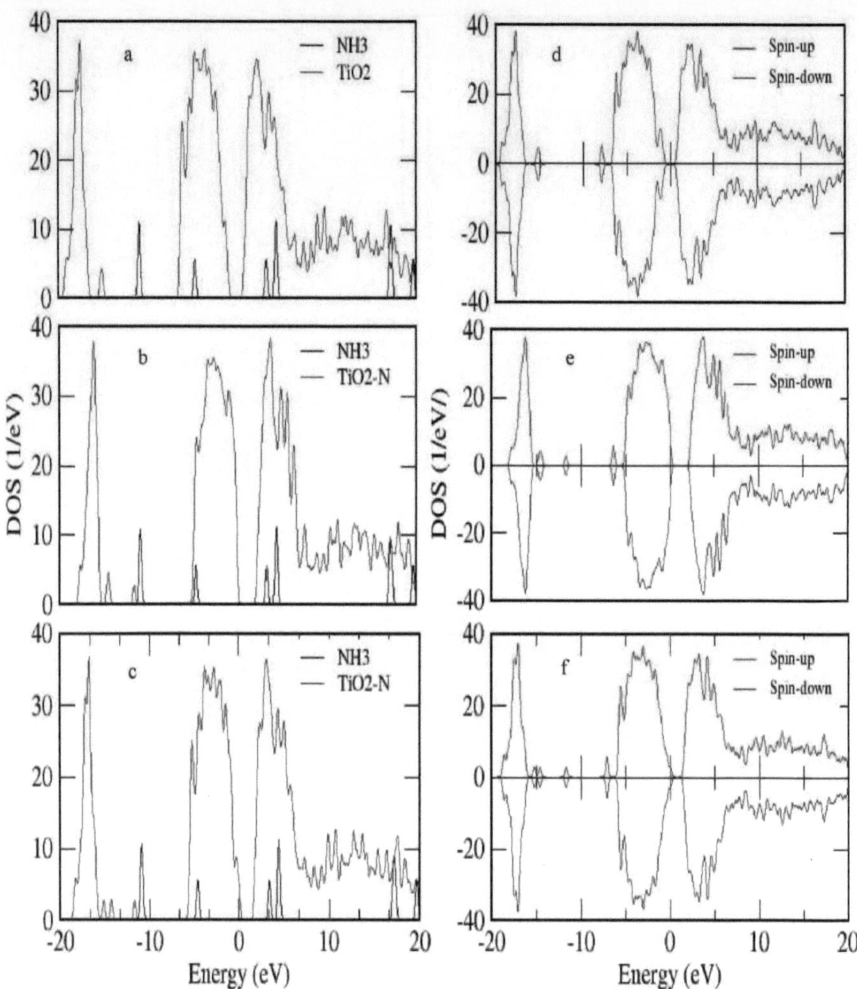

Figura 4.5. DOS e DOS spin-polarizado para adsorção de NH3 sobre as nanopartículas de TiO2, a: complexo C; b: complexo A; c: Complexo B; d: Complexo G; e: Complexo A; f: Complexo B.

A densidade de estados projectada dos átomos de titânio e de azoto foi apresentada na Figura 4.6 em três painéis para as nanopartículas não dopadas e para os dois tipos de nanopartículas dopadas com N. A grande sobreposição entre as PDOS dos átomos de titânio e de azoto significa a formação de uma nova ligação química entre estes dois átomos e, consequentemente, a transferência da densidade eletrónica da ligação antiga para a ligação recém-formada.

42

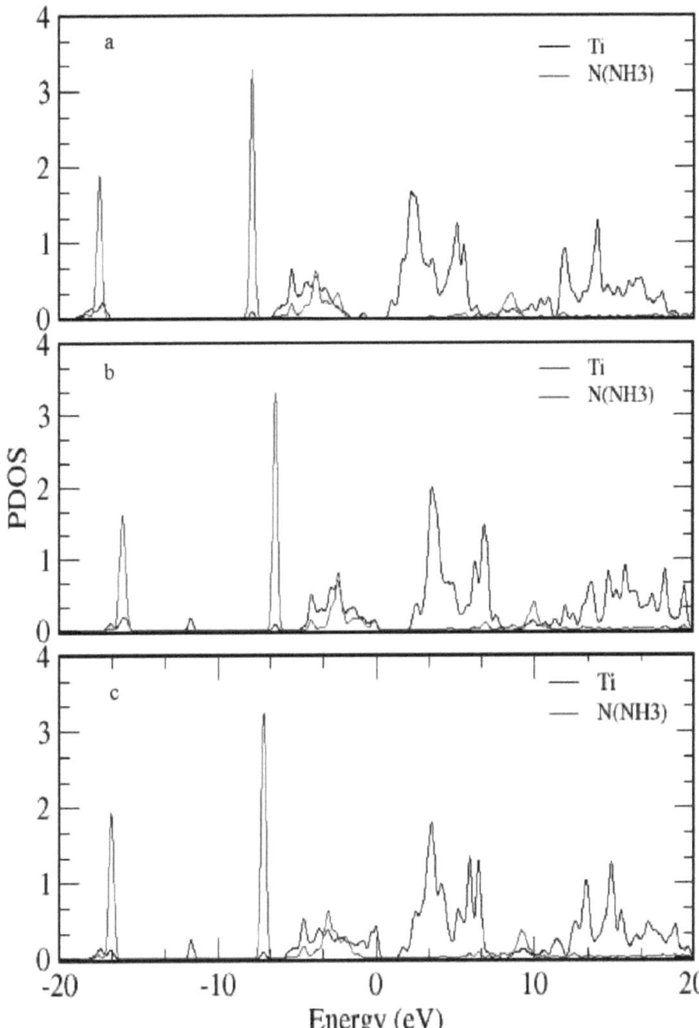

Figura 4.6. PDOS dos átomos de Ti e N para adsorção de NH3 sobre as nanopartículas de TiO2, a: complexo C; b: complexo A; c: Complexo B.

As isosuperfícies das orbitais moleculares HOMO e LUMO foram apresentadas na Figura 4.7 para a molécula de NH3 antes do processo de adsorção.

Figura 4.7. As isosuperfícies das orbitais moleculares HOMO e LUMO da molécula de NH3 no estado não adsorvido.

A orbital HOMO indica as áreas positivas e negativas no átomo de azoto da molécula de NH3, enquanto a LUMO representa os átomos de hidrogénio e de azoto como áreas negativas e positivas, respetivamente. A Figura 4.8 contém as isosuperfícies das orbitais moleculares HOMO e LUMO para os sistemas complexos após a adsorção. Estas figuras mostram que os HOMO's estão fortemente localizados na nanopartícula, enquanto os LUMO's estão fracamente localizados na nanopartícula de anatase. Estas isosuperfícies de orbitais moleculares são consistentes com os diagramas PDOS. Uma análise mais aprofundada dos PDOSs e das orbitais moleculares para os sítios activos que formam ligações químicas no processo de adsorção e, consequentemente, a análise das variações de energia de adsorção revela que a dopagem com N reforça a interação do amoníaco sobre o sítio de titânio da nanopartícula de TiO2.

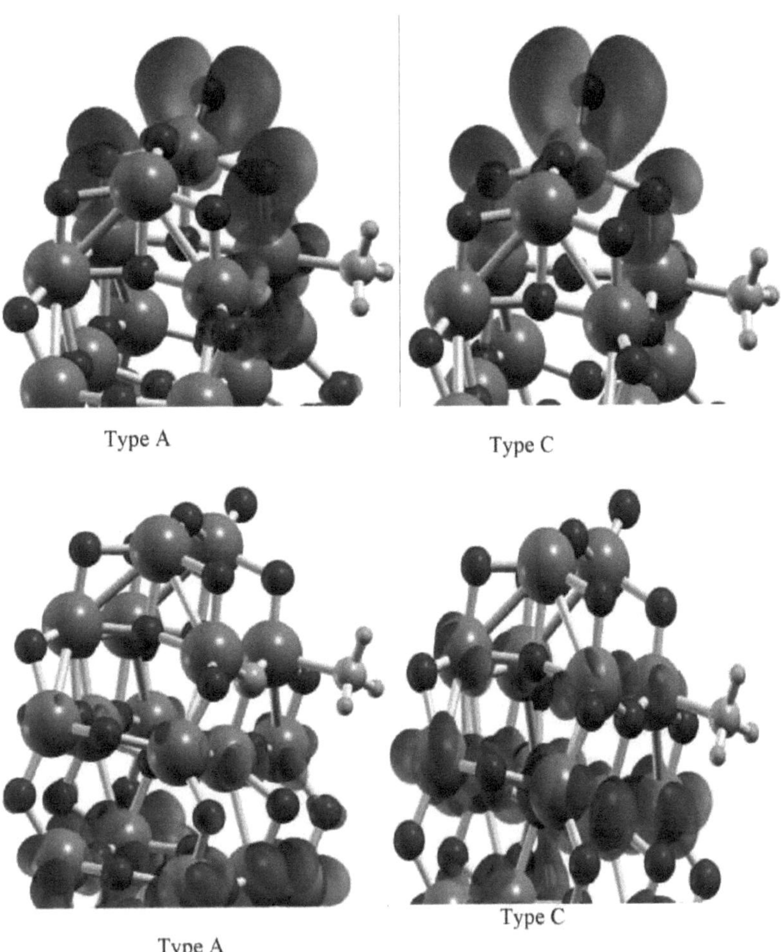

Figura 4.8. As isosuperfícies das orbitais moleculares HOMO (primeira linha) e LUMO (segunda linha) para diferentes complexos de adsorção da molécula de NH3 adsorvida nas nanopartículas de TiO2.

4.4. Análise da transferência de carga

Para analisar completamente a transferência de carga entre a nanopartícula e as moléculas adsorventes, efectuámos principalmente a transferência de carga com base nas cargas de Mulliken. Os valores calculados das cargas de Mulliken para os complexos de adsorção foram tabelados na Tabela 4.2. A fórmula seguinte é utilizada para avaliar os fenómenos de transferência de carga.

$$\Delta Q_i = Q_{i\,(in\,complex)} - Q_{i\,(in\,vacuum)} \qquad\qquad (3)$$

em que Qi representa o valor da carga Mulliken do i e o subscrito "i" denota o

nanopartícula de TiO2 ou molécula adsorvida. A variação de carga, ΔQ, é uma medida

da quantidade de carga transferida para, ou das nanopartículas estudadas de, ou para a

molécula adsorvida.

Por exemplo, o valor de carga calculado para o TiO2 dopado com N (no complexo A)

é de cerca de - 0,376 e e o da molécula de NH3 é de +0,376 e, o que sugere que a

molécula de NH3 se comporta como um dador de electrões para a nanopartícula. Por

outras palavras, a nanopartícula de TiO2 dopada com N aceita os electrões da molécula

de amoníaco. Uma vez que o princípio fundamental de funcionamento de um material

sensor é a troca de cargas entre o adsorvente e a molécula adsorvida, esta caraterística

pode ser útil para ajudar na conceção de materiais sensores melhorados para o

reconhecimento do NH3 no ambiente.

Tabela 4.2 Energias de adsorção e cargas Mulliken para a molécula de NH3 adsorvida na nanopartícula de TiO2 anatase.

Complexo	Energia de adsorção (eV)	Taxa Mulliken (e)
A	-4.98	-0.376
B	-4.76	-0.361
C	-2.26	-0.370

Capítulo 5

Conclusões

Nesta carta, efectuámos cálculos da Teoria do Funcional da Densidade sobre as propriedades estruturais e electrónicas de nanopartículas de TiO2 anatase não dopadas e dopadas com N. Os resultados revelam que as nanopartículas dopadas com N são mais energéticas do que as não dopadas e podem reagir com moléculas de óxido de azoto de forma mais eficiente. A análise estrutural dos sistemas estudados mostra que, após a adsorção, a ligação Ti-O pendente da nanopartícula de anatase e a ligação N-O das moléculas de NO e NO2 adsorvidas foram alongadas devido à transferência da densidade eletrónica das ligações antigas mencionadas para a ligação N-O recém-formada entre a nanopartícula e a molécula adsorvida. No caso do sistema de adsorção de amoníaco, as ligações N-H da molécula de amoníaco foram alongadas após a adsorção. Além disso, para a adsorção no local dopado com azoto, as ligações Ti-N da nanopartícula dopada com N e as ligações N-O do adsorvato foram esticadas, enquanto se forma uma nova ligação N-N entre os átomos de azoto da nanopartícula e a molécula adsorvida. Também comentámos as propriedades electrónicas dos sistemas estudados, incluindo os gráficos DOS e de orbitais moleculares, a fim de compreender os fenómenos de transporte de electrões entre o adsorvente e as moléculas adsorvidas. Os resultados obtidos indicam que as nanopartículas de anatase dopadas com N são mais activas do que as não dopadas nos processos de adsorção. A dopagem com N aumenta a afinidade das nanopartículas de TiO2 para interagir com as moléculas de NO, NO2 e NH3 no ambiente, o que pode ser uma propriedade eficiente para ser utilizada em aplicações de deteção e remoção.

Referências

1. Fei C, Kai T, Meng-Hai L e Qiang-Er Z, Um Estudo Funcional de Densidade do Aglomerado de TiO2 Anatase Dopado com N, Chinese J. Struct. Chem. **28**, 998 (2009).

2. Yang K, Dai Y e Huang B, Study of the nitrogen concentration influence on N-doped TiO2 anatase from first-principles calculations, The Journal of Physical Chemistry C 111 (32), **111(32)**, 12076 (2007).

3. N. Xiao, Z. Li, J. Liu e Y. Gao, J. Materials Letters. **64,** 1776 (2010).

4. Fujishima A e Honda K, Electrochemical Photolysis of Water at a Semiconductor Electrode Nature. **238**, 37 (1972).

5. Linsebigler A. L, Lu G e Yates J. T, Photocatalysis on TiO2 Surfaces: Principles, Mechanisms, and Selected Results, J. Chem. Rev. **95(3)**, 735 (1995).

6. Hoffmann M. R, Martin S. T, Choi W, e Bahnemann D. W, Environmental applications of semiconductor photocatalysi, Chemical reviews **95 (1),** 69 (1995).

7. Monique M. Rodriguez, ARIZONA STATE UNIVERSITY, (2012).

8. Zhang C, Lindan P. J. D, A density functional theory study of sulphur dioxide adsorption on rutile TiO2(1 1 0), *J. Chemical Physics Letters* **373**: 15-21, 2003.

9. Erdogan R, Ozbek O, Onal I, Um estudo DFT periódico da adsorção de água e amoníaco na placa de TiO2 anatase (001), J Surf Sci **604**:1029-1033, 2010.

10. Liu H, Zhao M, Lei Y, Pan C, Xiao W, Formaldeído em TiO2 anatase (1 0 1): Um estudo DFT, *J Comput Mater Sci.* **15**:389-395, 2012.

11. Hummatov R, Gulseren O, Ozensoy E, Toffoli D, Ustunel H, Investigação dos primeiros princípios da adsorção de NOx e SOx em camadas de BaO e Pt suportadas por anatase, J Phys Chem C **116**:6191-6199, 2012.

12. Shi W, Chen Q, Xu Y, Wu D e Huo C. F, Investigação do efeito da concentração de silício no TiO2 anatase dopado com Si por cálculo de primeiros princípios, Journal of Solid State Chemistry. **184(8),** 1983 (2011).

13.   Liu J, Liu Q, Fang P, Pan C, Xiao W, Estudo dos primeiros princípios da adsorção de uma molécula de NO em nanopartículas de anatase dopadas com N, *JAppl. Surf. Sci.* **258**:8312-8318, 2012.

14.   Liu J, Dong L, Guo W, Liang T e Lai W, adsorção e oxidação de CO em nanopartículas de TiO2 dopadas com N, *J. Phys. Chem. C.* **117**:13037, 2013.

15.   Beltran A, Andres J, Sambrano J. R e Longo E, Estudo da Teoria do Funcional da Densidade sobre as Propriedades Estruturais e Electrónicas de Superfícies de Rutilo de Baixo Índice para Sistemas Compósitos TiO2/SnO2/TiO2 e SnO2/TiO2/SnO2, The Journal of Physical Chemistry A. **112(38),** 8943. (2008).

16.   Song K, Han X e Shao G, Electronic properties of rutile TiO2 doped with 4d transition metals: Estudo de primeiros princípios, Journal of Alloys and Compounds. **551**, 118 (2013).

17.   Livraghi S, Paganini M. C, Giamello E, Selloni A, Valentin C. D, Pacchioni G, Origin of Photoactivity of Nitrogen-Doped Titanium Dioxide under Visible Light, *Journal of the American Chemical Society* **128(49)**: 15666-15671, 2006.

18.   Gao H, Zhou J, Dai D e Qu Y, Photocatalytic Activity and Electronic Structure Analysis of N-doped Anatase TiO2: A Combined Experimental and Theoretical Study, J. Chem. Eng. Technol. **32**, 867. (2009).

19.   Guzei, I. A.; Baboul, A. G.; Yap, G. P. A.; Rheingold, A. L.; Schlegel, H. B.; Winter, C. H.; Surpreendentes complexos de titânio com ligandos η^2-pirazolato: Síntese, estrutura e estudos de orbitais moleculares. J. Am. Chem. Soc.**119**, 3387 (1997).

20.   Rumaiz A. K, Woicik J. C, Cockayne E, Lin H. Y, Jaffari G. H e Shah S. I, Oxygen vacancies in N doped anatase TiO2: Experiment and first-principles calculations, Applied Physics Letters. **95 (26),** 262111 (2009).

21.   Chen Q, Tang C, Zheng G, Estudo dos primeiros princípios das superfícies de TiO2 anatase (101) dopadas com N, Physica B: Condens. Matter, **404**:1074-1078, 2009.

22. Irie H, Watanabe Y Hashimoto K, Nitrogen-Concentration Dependence on Photocatalytic Activity of $TiO_{2-x}N_x$ Powders, *Journal of Physical Chemistry B* **107(23)**, 5483-5486, 2003.

23. Zhao Z e Liu Q. Effects of lanthanide doping on electronic structures and optical properties of anatase TiO2 from density functional theory calculations, Journal of Physics D: Applied Physics, **41(8)**, 085417 (2008).

24. Tang S e Cao Z, Adsorption of nitrogen oxides on graphene and graphene oxides (Adsorção de óxidos de azoto em grafeno e óxidos de grafeno):

Insights from density functional calculations, J. Chem. Phys. **134**, 044710 (2011).

25. Tang S e Zhu J, Propriedades estruturais e electrónicas dos óxidos de grafeno decorados com Pd e os seus efeitos na adsorção de óxidos de azoto: perspectivas a partir de cálculos funcionais da densidade, J. RSC Adv. **4**, 23084 (2014).

26. Abbasi A, Sardroodi J. J e Ebrahimzadeh A. R, Improving the adsorption of sulphur trioxide on TiO2 anatase nanoparticles by N-doping: A DFT study, Journal of Theoretical and Computational Chemistry. **14(4)**, 1550025 (2015).

27. Abbasi A, Sardroodi, J. J e Ebrahimzadeh A. R, A adsorção de dióxido de enxofre em nanopartículas de TiO2 anatase: Um estudo da teoria funcional da densidade, Canadian Journal of Chemistry, **94(1)** 78 (2016).

28. Breedon M, Spencer M, e Yarovsky I, Adsorção de NO2 em ZnO (2110) deficiente em oxigénio para aplicações de deteção de gás: Um estudo DFT, The Journal of Physical Chemistry C **114 (39)**, 16603 (2010).

29. Hohenberg P, Kohn W, Inhomogeneous electron gas, *JPhys Rev.* **136**: B864-871, 1964. 30. Kohn W, Sham L, Equações autoconsistentes incluindo efeitos de troca e correlação, *Phys Rev*, **140**: A1133-A1138, 1965.

31. O código, OPENMX, as funções de base pseudoatómicas e os pseudopotenciais estão disponíveis no sítio Web "http://www.openmxsquare.org".

32. Ozaki T e Kino H, Orbitais de base atómica numérica de H a Kr, J. Phys. Rev. B.

69, 195113 (2004).

33. Perdew JP, Zunger A, Correção de auto-interação para o funcional da densidade aproximações para sistemas de muitos electrões, *JPhys Rev B 23:* 5048-5079, 1981.

34. Perdew JP, Burke K, Ernzerhof M, Generalized gradient approximation made simple, *J Phys Rev Lett. 78*: 1396, 1997.

35. Koklj A, Computer graphics and graphical user interfaces as tools in simulations of matter at the atomic scale, *J Comput Mater Sci. 28*: 155-168, 2003.

36. Wyckoff R. W. G, crystal structures, Segunda edição. Interscience Publishers, EUA, Nova Iorque, *1963*.

37. Z. Zhao, Z. Li e Z. J. Zou, J. Phys: Condens. Matter. *22*, 175008 (2010).

38. Schneider W. F, Qualitative Differences in the Adsorption Chemistry of Acidic (CO_2, SO_x) and Amphiphilic (NO_x) Species on the Alkaline Earth Oxides, J. Phys. Chem. B. **108**, 273 (2004).

39. Os dados estão disponíveis em "http://rruff.geo.arizona.edu/AMS/amcsd.php".

I want morebooks!

Buy your books fast and straightforward online - at one of world's fastest growing online book stores! Environmentally sound due to Print-on-Demand technologies.

Buy your books online at
www.morebooks.shop

Compre os seus livros mais rápido e diretamente na internet, em uma das livrarias on-line com o maior crescimento no mundo! Produção que protege o meio ambiente através das tecnologias de impressão sob demanda.

Compre os seus livros on-line em
www.morebooks.shop

Printed by Books on Demand GmbH, Norderstedt / Germany